왜
이런 날씨가
계속되고 있는가

| 방기석 지음 |

153웨더
153weather.com
청어
도서출판

왜 이런 날씨가 계속되고 있는가

방기석 지음

발행처 · 도서출판 **청어**
발행인 · 이영철
영　업 · 이동호
홍　보 · 최윤영
기　획 · 천성래 I 김홍순
편　집 · 김영신 I 방세화
디자인 · 김바라 I 서경아
제작부장 · 공병한
인　쇄 · 두리터

등　록 · 1999년 5월 3일(제22-1541호)

1판 1쇄 인쇄 · 2013년 9월 20일
1판 1쇄 발행 · 2013년 9월 30일

주소 · 서울 서초구 서초3동 1595-10 봉양빌딩 2층
대표전화 · 586-0477
팩시밀리 · 586-0478

홈페이지 · www.chungeobook.com
E-mail · ppi20@hanmail.net
ISBN · 978-89-97706-83-9 (03530)

왜
이런 날씨가
계속되고 있는가

왜 이런 날씨가 계속되고 있는가

　　요즘 전 세계적으로 기후 변화가 심각한 수준에 이르렀다. 얼마 전 일본에서 발생한 쓰나미와 후쿠시마 원전사고, 중국의 대지진, 미국의 토네이도 등은 수많은 물질·인명 피해를 낳았다.

　　우리 대한민국 역시 매년 악(惡)기상이 발생해 우리의 삶을 위협하고 있다. 2011년 기록적인 폭우로 인해 발생한 우면산 산사태를 다 기억할 것이다. 한반도가 고온다습한 아열대기후로 바뀌어감에 따라 바다와 강에 적조현상이 일어났고, 가뭄 등 물 부족 사태로 농작물이 위협받고, 우리는 식수를 걱정하게 되었다. 또한 태풍, 강풍, 해일, 환경오염으로 매년 피해액이 전체 자연재해의 80% 이상을 차지하는 심각한 현실에 직면해 있다. 대자연의 횡포 앞에, 우리는 인간의 힘으로 어찌할 수 없는 나약한 존재임을 느끼며 살아가고 있는 것이다.

　　필자는 '이런 날씨가 우리에게 주는 메시지는 무엇일까'에 대한 의문을 가지고, 어떤 방법으로 그것을 극복할 수 있을까에 대해 연구하게 되었다. 일반적으로 인류의 가치적 소산인 종교, 철학, 예술, 과학뿐만 아니라 우리 주거생활 양식과 문화적 변화 역시 기후의 변화가 최대의 변수임을 알 수 있었다.

21세기의 심각한 기후변화 속에서, 우리는 삶을 어떻게 변화시키고 준비해나갈 것인가. 자연에서 배워야 할 것이다. 이 책에서도 언급했듯이, 곤충도 일기예보를 한다. 개미도 기상변화를 감지하고 본능적으로 행동한다. 동물도 날씨 따라 에너지를 비축하고 곰도 동면하면서 에너지를 비축한다. 대자연을 잘 관찰하면 지구환경에 무슨 일이 일어나고 있는지 알 수 있다.

이 책에서는 지구환경의 온난화, 기상 악화 시 대처법, 날씨 마케팅의 생활화, 삶 속에서 방사능을 대하는 자세, 21세기 인류에너지 문제와 기상이변의 해결책 등에 대해서 다루었다.

21세기 인류의 에너지 문제와 기상이변에 대해 심각하게 고민하고, 우리 대한민국이 미리 재난을 방지해서 국민의 생명과 재산을 보호하며, 더욱더 행복한 삶을 영위하기를 바라는 마음으로 이 책을 쓰게 되었다. 민간 예보산업에 몸담고 있는 대표로서, 미력하나마 쉽고 가볍게 날씨에 관한 상식과 정보를 전달하고자 했다.

이 책이 나오기까지 협력해주신 지비엠아이엔씨와 153웨더 임직원들, 청어출판사 이영철 대표님 등 모든 손길 위에 축복이 가득하길 소망한다. 그리고 사랑하는 아내와 준원, 빛나에게 이 책으로 대신 감사를 전하고 싶다.

지은이 *방기석*

Contents

Why 이런 날씨가
계속되고 있는가

제1장

곤충도 일기예보를 한다

개미가 일기예보를?

우리는 어려서부터 어른들로부터 개미들이 분주히 움직이는 날에는 비가 온다는 말을 들었다. 개미는 비가 오려고 하면 집 주위에 흙을 쌓기 시작한다. 빗물이 집으로 들어오지 못하도록 집 앞에 둑을 쌓아놓는 것이다. 사람보다 날씨 변화에 민감한 촉수를 지녔기 때문에 앞으로 일어날 일을 미리 감지하고 이런 행동을 하는 것이다. 그래서 옛 조상들은 동물의 움직임을 보고 날씨를 예상했다.

거미는 평소 뒤란이나 추녀 밑, 나뭇가지 사이 등에 집을 짓는다. 그런데 유달리 거미가 실내에 들어와서 집을 짓는 경우가 있는데 이럴 때는 분명히 비가 내린다. 거미는 예민한 감각으로 비가 내릴 것을 감지하여 실내에 집을 지은 것이다. 날씨를 미리 예측하니 당연히 어디에 자신의 거처를 마련해야 하는지 알게 되는 것이다. 또 새가 낮게

나는 모습을 보고 선조들은 비가 올 것을 알아차렸다.

'갈매기가 무리를 지어서 바닷가에 앉아 있으면 비가 내린다', '달무리가 지면 비가 내린다' 등 다양한 관천망기(觀天望氣) 관련 속담이 있다. 동물이나 곤충 등이 평소와 다른 행동을 보이면 분명히 뭔가 있다. 특히 날씨와 관련해서 뭔가 있다는 사실, 그래서 사람들은 이런 미물의 행동을 보고서 날씨의 변화 등을 알아차렸다.

시골에 가서 보면 유난히 시끄럽게 개구리들이 울어대는 것을 목격할 수가 있다. 악머구리 떼들이 시끄럽게 와글거리면 비가 온다는 말이 있다. 개구리는 대개 물속에서 헤엄을 치고 다니며 노는데 어느 날 풀밭을 풀쩍풀쩍 뛰어다닌다면 비가 올 징조를 보여주는 것이다. 개구리는 비가 오려고 하면 건조한 흙더미가 있는 데서 노는 것을 좋아하며, 물 안에서 놀 때는 맑은 날씨라고 한다. 그러니까 옛날 사람들은 개구리를 통해서 비가 올 것인지 맑은 날씨가 계속될 것인지 예측했던 것이다.

이 엄청난 비밀은 개구리의 피부에 있다. 개구리의 피부는 특히 습도에 민감하기 때문에 만약 건조한 공기 속에 있게 되면 금세 말라버려 피부호흡에 지장을 받는다. 따라서 맑은 날씨가 지속되면 습도가 낮아 피부 보호를 위해 물속에서 놀아야 하는 것이다. 기압골의 접근으로 습도가 높아져서 피부가 마를 염려가 없다면 물 밖에 나와서 놀아도 괜찮다는 것을 개구리는 몸으로 느끼는 것이다.

한편 작은 개미들이 떼를 지어서 어디론가 이동하면 큰비가 온다는 징조이다. 홍수가 닥치면 자신들의 주거지가 사라지기 때문에 대대적으로 이동하는 것이다. 우리는 이런 현상을 자주 목격해왔을 것이다. 그런데 이럴 때마다 정말 거짓처럼 비가 내리는 것을 우리는 깨닫게 되었다. 살아 있는 예보관이 바로 개미다.

요즘에는 예보 기술이 발달해서 이런 동물들의 행태를 이용해 기상을 예측하는 시대가 아니지만, 개구리나 개미, 거미 등을 통해 얻는 자연 생태 변화의 예측은 간과할 수 없을 것이다.

이제 최첨단 기상 장비들이 등장하는 시대가 되었다. 그런데도 완벽한 예보란 있을 수가 없다. 최첨단 장비를 가지고도 대기의 비선형성 때문에 2주일 이상의 날씨를 정확히 예측할 수 없다. 그런데 꿀벌 등은 그 이상의 정보를 예측해낸다고 한다. 가을철에 꿀벌이 벌통의 출입구를 크게 만드느냐, 작게 만드느냐에 따라 겨울의 날씨가 다르다고 한다. 출입구를 작게 만들면 그해 겨울은 몹시 춥다는 것이다. 즉, 추운 바깥 공기에 벌집 내부가 노출되는 것을 적게 하기 위해 출입구를 작게 만든다는 것이다. 반면에 출입구를 크게 만들면 좀 포근한 겨울철이라는 것을 보여준다.

아무리 정보통신 기술이 발달하고 컴퓨터 등의 장비가 최첨단이라하더라도, 자연 속에서 정보를 파악하여 살아남는 인류 특유의 방법은 그대로 유효하다는 점을 인식할 필요가 있다.

우리에게는 계속해서 최첨단 기계를 만들어내야 하는 막대한 사명이 있다. 그러나 이런 사명을 제대로 완수하기 위해서는 이와 같이 자연 속에서 일어나는 기적 같은 현상들을 무시할 수 없다. 이 자연현상이 왜 발생되는가를 파악한다면 오히려 이를 활용해서 더욱 효율성이 높은 기구들을 만들어낼 수 있지 않을까?

아무리 정보통신 기술이 발달하고 컴퓨터 등의 장비가 최첨단이라 하더라도, 자연 속에서 정보를 파악하여 살아남는 인류 특유의 방법은 그대로 유효하다.

기상 용어, 이것만은 알아야

　우리는 흔히 '고기압'과 '저기압'이라는 말을 자주 듣는다. 그러나 이 뜻을 똑바로 알지 못하는 경우가 대부분이다. 대충 뭔가 알 것 같은 느낌, 우리는 그 정도 선에서 이런 용어를 이해하고 있다. 고기압의 정확한 의미는 무엇일까? 어떻든 상식선에서 보면 기압이 높다는 의미가 이 안에 담겨 있음을 짐작할 수 있다. 그렇지만 막연히 '기압이 높다'라는 정도로 고기압을 이해했다고 하는 것은 무리다.

　그렇다면 고기압이란 무엇인가? 기압이 높은 상태를 말하는 것은 맞는데, 그 기준이 문제다. 어떤 지역의 기압이 그 지역을 둘러싸고 있는 주위보다 상대적으로 높은 상태를 고기압이라고 하며, 반대로 주위보다 기압이 낮은 상태를 저기압이라고 한다.

　그리고 기압이 높은 쪽에서 낮은 쪽으로 흘러가는 흐름이 바로 바람이다. 다시 말해 바람이란, 고기압에서 저기압으로 불어가는 것이다. 그래서 바람은 지구 전향력의 영향으로 북반구 고기압 중심에서 시계 방향으로 불어 나간다. 이때 고기압 내부에는 이를 보충하기 위한 상층으로부터의 하강기류가 있게 마련이어서, 단열압축에 의한 승온과 이에 따른 상대습도의 감소로 맑은 날이 지속되는 경우가 많다.

반면에 저기압 구역에서는 고기압과 반대로 바람은 기압이 낮은 중심을 향해서 불어 들어가는데, 북반구에서는 시계 반대 방향으로 불어 들어간다. 이때 중심 부분에서는 공기 수렴에 의한 상승기류로 인해 단열팽창과 이에 따른 냉각으로 수증기의 포화가 일어나 구름이 만들어져 강수 현상을 초래하기도 한다.

우리가 반드시 알아야 할 상식 가운데 하나가 바로 태풍에 관한 것이다.

태풍, 우리가 너무도 많이 들어온 말이다. 태풍과 관련하여 우리가 들어온 말은 '태풍의 눈'이다. 태풍의 눈 하면 무엇이 떠오르는가? 뭔가 고요가 떠오르는 사람도 있고, 무서운 정적이나 몹시 긴장된 순간이 떠오르는 사람도 있을 것이다. 우리가 정확히는 몰라도 뭔가 그 느낌을 감지하고 있다는 말이다. 태풍의 눈, 그 정확한 의미를 살펴보자.

태풍은 강력하다. 그런데 강력한 태풍이 부는데 그 가운데서도 비교적으로 안정된 상태를 띠는 중심 부위가 있다. 바로 거기를 '태풍

태풍의 눈

의 눈'이라 말한다. 그래서 태풍의 중심 부위는 맑게 개어 있는 경우
가 많다. 대류권에서 태풍의 눈의 범위는 그 지름이 약 30~50km에
이른다. 여기에서는 주변은 비록 강한 바람과 강수로 요동을 쳐도, 매
우 바람이 약해지고 비도 멎은 상태를 보인다. 그리고 가끔 푸른 하늘
이 보이기도 한다. 마치 폭풍전야 같은 상태, 곧 폭풍이 올 것이지만
고요한 순간처럼, 주위는 태풍이 부는데 중심은 매우 안정된 그런 상
태다.

  우리는 세상을 살아가면서 태풍의 눈에 많은 상황을 비유하곤 한
다. 특히 정치권이나 국가적인 긴장 등을 나타낼 때 이런 표현으로 비
유하는 것이다. 그 정도로 엄청난 소용돌이 가운데 고요한 상태를 일

컫는다. 우리가 일상생활 속에서 이런 기상용어를 빌려 비유로 사용하는 일은 매우 좋은 현상이다. 무엇보다 우리가 기상과 관련하여 소외감을 갖지 않고 생활 속에서 가깝게 접하는 분위기를 느낄 수 있어서 좋다.

　우리가 자주 듣게 되는 말 가운데 전선(前線)이라는 말이 있다. 가정에서 전기를 사용하는 그런 전선이 아니라, 자연 속에서 사용하는 전선이다. 기온이나 습도, 풍향 등 서로 다른 성질을 가진 두 개의 기단이 부딪칠 때 지상과 맞닿은 경계선이 생기는데, 바로 그 경계선을 전선이라고 한다. 불연속선이라고도 하는데, 온난전선이니 한랭전선이니 하는 것들이 바로 여기에서 비롯되는 것이다. 전선면은 그러니까 서로 성질이 다른 두 개의 기단이 만나는 경계면을 말한다.

　만약 온도나 습도 등 성질이 서로 다른 두 기단이 만나면 어떻게 될까? 물론 잘 섞이지 않을 것이다. 성질이 다른 집단이 만나면 조화를 이루지 못하고 불협화음을 내는 것과 같은 이치로, 잘 섞이지 않고 서로 부딪히게 된다. 그런데 이 두 기단이 서로 부딪혀서 따뜻한 기단이 찬 기단 위로 올라가게 되는데 그 사이에 생기는 경계면을 온난전선면이라 하며, 반대로 찬 기단이 따뜻한 기단 밑으로 파고들 때 생기는 경계면을 한랭전선면이라 한다.

　전선은 우리가 흔히 기압골을 표시한 일기도에서 많이 보는데, 상층으로 올라갈수록 보통 찬 기단 쪽으로 약간 기울어져서 생긴다.

　만약 양쪽 기단의 세력이 서로 평형을 이루었다면 거의 전선이 이동하지 않을 것이며, 일정한 자리에 전선이 머물 것이다. 이를 정체전선이라 하는데, 여름철에 우리에게 영향을 크게 주는 장마전선은 정체전선의 한 종류이다. 장마전선은 오랫동안 우리나라 상공에서 동서방향으로 놓여 머물면서 많은 비를 뿌리게 된다. 만약 한랭전선과 온난전선이 겹쳐졌다면 이를 폐색전선이라 한다. 한랭전선이 온난전선보다 빨리 움직여 나중에는 두 전선의 일부가 겹쳐지게 되는데, 이를 바로 폐색전선이라 부르는 것이다.

기후나 기상 관련 용어는 결코 어렵지 않다. 어떻게 보면 그 의미가 어휘 속에 담겨 있는 경우가 많다. 그래서 그 뜻을 알면 알수록 쉽게 다가온다. 용어를 이해하면 우리가 겪는 일기를 쉽게 이해하게 되고, 기후나 기상에 관한 정보를 우리 생활에 쉽게 활용할 수 있다.

우리가 이와 같은 정보를 알아서 기상재해로부터 소중한 생명과 재산을 지킬 수 있다면 이에 대한 투자는 결코 헛된 것이 아니며, 이런 과정에는 결코 많은 재원이 들지 않는다. 이런 책을 접한 것이면 충분하다.

기후나 기상 관련 용어는 결코 어렵지 않다. 용어를 이해하면 우리가 겪는 일기를 쉽게 이해하게 되고, 기후나 기상에 관한 정보를 우리 생활에 쉽게 활용할 수 있다.

우리에게 영향을 주는 기단

　우리나라처럼 봄과 여름, 가을과 겨울 등 사계절이 뚜렷한 나라는 드물 것이다. 일 년 내내 추위에 떠는 나라, 일 년 내내 더위에 고통받는 나라 등 다양한 기후의 나라들이 있지만, 우리처럼 적절히 추위와 더위, 신선함이 공존하는 나라는 드물다. 이것은 천혜의 복이 아닐까 생각한다. 그런데 요즘은 상황이 많이 달라졌다고 한다. 이제 사계절의 구분, 즉 그 경계가 분명하지 않다는 것이다.

　봄이 오는 듯하더니 갑자기 더워져서 찌는 듯한 더위가 시작되는가 하면, 더위에서 조금 벗어나는가 싶으면 갑자기 한파가 몰아닥친다. 이른바 기후의 변화가 심각해졌다는 말이다. 기후가 빠른 속도로 변하고 있다.

　우리나라는 지금까지 온대기후로 분류되어 있는데 이제 서서히 아열대기후로 변하고 있다는 말들을 한다. 그래도 전문가들은 우리나라가 아열대로 변하기 위해서는 상당한 시간이 필요할 것이라고 하니 염려할 정도는 아니지 않을까 위안해본다. 다만 이런 우려를 통해 지금부터 우리가 무엇을 어떻게 해야 하는지 준비하는 것이 현명한 태도일 것이다.

우리에게 영향을 주는 기단으로 흔히 우리가 알고 있는 것처럼 네 가지 기단을 말할 수 있다. 먼저 주로 겨울철에 발생하는 시베리아고기압의 영향을 받는 한대대륙기단으로, 시베리아 대륙에서 발원하여 우리나라로 남하하는 것이 특징이다. 겨울에는 한랭 건조한 날씨가 지속되는데 바로 이 시베리아고기압의 영향 때문이다. 서해안에 눈을 많이 내리게 하는 것도 이 기단과 연관이 깊다. 물론 지형에 따라서 지역적으로 많은 눈을 동반하는 특수한 상황도 있지만 말이다.

서해안의 눈과 큰 관련이 있는 시베리아고기압과는 대조적으로 오호츠크해 고기압은 주로 장마철에 발생한다. 오호츠크해에서 발원하기 때문에 오호츠크해기단이라는 말을 하는데, 장마철에 한랭 다습한 것은 바로 이 기단 때문이다. 시베리아고기압이 서해안 지방에 눈을 많이 내리게 하는 것과 달리, 오호츠크해 고기압은 동해안 지방에 많은 비를 가져온다. 동해안 지방이 자주 흐린 것은 이 기단과 연관이 깊은 것이다.

기단은 크게 한대와 열대로 구분한다. 시베리아 기단과 오호츠크해

기단이 한대와 연관이 깊다면, 이번에 살펴볼 기단들은 열대와 연관이 깊다. 주로 여름철에 관계되는 기단, 바로 북태평양기단이다. 이는 북태평양에서 발원하는 것으로 알려져 있으며, 열대해양기단이라고 한다. 우리나라가 여름철에 온도와 습도가 높은 것은 바로 이 북태평양고기압과 연관이 깊다. 이 기단의 둘레에서 불안정한 조건이 형성되면 소나기와 번개, 천둥을 동반하기도 한다. 최근에는 국지적인 소나기가 많이 내리는데, 대기의 불안정한 변화로 인해 천둥이나 번개 등의 자연현상은 더욱 사나워지는 형태를 보인다.

양쯔강 고기압은 열대대륙기단이라고 하는데 매우 온순한 기압대가 바로 이것이다. 양쯔강 유역에서 발원하는 이 기단은 봄과 가을에 주로 나타나며, 흔히 좋은 날씨라고 할 때는 이 기단의 영향을 받는다. 봄철의 온난건조 현상은 바로 이 기단에서 비롯되며, 가을철의 맑고 건조한 날씨 역시 이 기단이 가져다주는 것이다.

우리나라가 사계절이 뚜렷한 것은 시베리아기단, 오호츠크해기단, 북태평양기단, 양쯔강기단의 영향을 받기 때문이다.

기상특보 발표 기준은 무엇인가

우리는 일 년 내내 수시로 기상특보를 접한다. 기상이변이 심화되면서 이런 일은 더욱 늘어났다. 우리는 바람과 비, 눈과 한파, 폭설, 폭염, 지진에 이르도록 무수히 많은 자연재해에 노출되어 있기 때문이다. 우리 인간이 사는 지구는 끊임없이 변화하고 있다. 특히 최근들어 기상이변이나 기후변화 등에 있어서 그 변화가 유의한 수준을 넘어서고 있다. 따라서 우리는 이미 자연재해에 노출되어 있거나 더불어 인재(人災)에 노출되어 있을 수도 있다.

기상청에서는 기상 상태의 다양한 기준을 정하여 해당 특보를 발령한다. 이는 인간의 생활 속에서 기상재해로 인한 피해를 최소화하기 위해서 일정한 규칙을 토대로 정한 것이다. 그래서 인간을 위협하는 다양한 기상재해 관련 자연 요소들 간의 상관관계를 탐구하고, 이를 통해 기준을 설정해서 대비하고자 하는 것이다.

가장 먼저 주의보와 경보의 발령이다. 주의보는 위험의 정도가 조금 심할 때 발령되며, 경보는 위험의 정도가 매우 심할 때 발령된다.

기상특보의 종류에는 강풍, 호우, 대설, 지진해일, 폭염, 한파, 황사, 그리고 태풍 등이 있다. 강풍주의보는 육상에서 바람의 속도(풍속)가 14m/s 이상 또는 순간풍속 20m/s 이상이 예상될 때 발령하며, 풍속이 21m/s 이상 또는 순간풍속 26m/s 이상이 예상될 때는 강풍경보를 발령한다. 산지에서는 육상에서보다 주의보(풍속 17m/s 이상 또는 순간풍속 25m/s 이상 예상)나 경보(풍속 24m/s 이상 또는 순간풍속 30m/s 이상 예상) 어느 경우이든 더 세게 불 때 발령한다.

호우의 경우 주의보나 경보 모두 6시간과 12시간 단위의 강우량 예상을 통해 발령한다. 6시간 동안 70mm 이상, 12시간 동안 110mm 이상이 예상되면 주의보를 내리며, 각각 110mm 이상, 180mm 이상이 예상되면 경보를 내린다.

대설의 경우 24시간을 단위로 적설량이 5cm 이상 예상될 때 주의보, 20cm 이상 예상될 때 경보를 내린다. 다만 산지에서는 30cm 이상이 예상되어야 경보를 내린다.

지진해일의 경우는 어떠한가? 한반도 주변 해역에 지진 규모 7.0 이상의 해저지진이 발생하여 우리나라 해안가에 파고 0.5~1.0m 미만의 내습이 예상될 때 주의보를 발령하며, 같은 한반도 지역에서 규모 7.0 이상의 해저지진이 발생하여 우리나라 해안가에 파고 1m 이상의 내습이 예상되면 경보를 발령하게 된다.

폭염은 주로 6월에서 9월에 발생하는데 최고기온이 얼마인가에 따라서 주의보와 경보로 구분한다. 최고기온이 33℃ 이상인 상태가 2일 이상 지속될 때 폭염주의보, 35℃ 이상인 상태가 2일 이상 지속될 때 폭염경보가 발령된다.

한파의 경우 10월에서 4월 중 대개 아침 최저기온이 영하 12℃ 이하인 상태가 2일 이상 지속될 것으로 예상될 때 주의보, 영하 15℃ 이하인 상태가 2일 이상 지속될 것으로 예상될 때 한파경보를 발령한다. 주의보는 급격한 저온현상으로 인한 중대한 피해가 예상될 때, 경보는 급격한 저온현상으로 인한 광범위한 지역에서 중대한 피해가 예상되는 경우에 발령할 수 있는 것이다. 그리고 아침 최저기온이 비록 영하권은 아니더라도 전날에 비해 10℃ 이상 하강하여 3℃ 이하이고 평년값보다 3℃가 낮을 것으로 예상될 때 주의보, 15℃ 이상 하강하여 3℃ 이하이고 평년값보다 3℃가 낮을 것으로 예상될 때 경보를 발령한다.

황사는 황사로 인해 1시간 평균 미세먼지(PM10) 농도를 가지고 분류한다. PM10 농도가 400μg/㎥ 이상인 상태가 2시간 이상 지속될 것으로 예상될 때 황사주의보를 발령하고, 800μg/㎥ 이상인 상태가 2시간 이상 지속될 것으로 예상될 때 황사경보를 발령한다.

태풍은 가장 폭넓은 개념으로 활용되고 있다. 강풍과 풍랑, 호우,

폭풍해일 현상 등이 앞에 언급한 주의보 기준에 미칠 것으로 예상될 때 태풍주의보를 발령하며, 태풍에 의한 풍속이 강풍(또는 풍랑) 경보 기준에 도달할 것으로 예상될 때, 총 강우량이 200mm 이상 예상될 때, 그리고 폭풍해일 경보 기준에 도달할 것으로 예상될 때 태풍경보를 발령한다. 바람의 속도와 강수의 양의 차이에 따라 태풍 3급, 태풍 2급, 태풍 1급, 이런 식으로 세분할 수 있는데 숫자가 작을수록 태풍의 강도가 센 것이다.

우리가 일상생활 속에서 이런 점들을 숙지하고 있다면 따분한 일기 예보에 관심을 가지고 재미있게 시청할 수 있을 것이다. 또한 적극적으로 대처하는 태도를 통해 좀 더 안전한 생활을 유지하며, 자신의 소중한 재산과 생명을 보존하고, 더불어 좀 더 나은 행복을 추구할 수 있을 것이다.

주의보는 위험의 정도가 조금 심할 때 발령되며, 경보는 위험의 정도가 매우 심할 때 발령된다.

기상재난 최적 대비는 이렇게

사람을 죽이기도 하고 살리기도 하는 것이 바로 기상예보이다. 예보의 준비성, 예보의 신속성 그리고 예보의 정확성 등, 그렇지만 예보를 아무리 정확하게 한다 해도 이미 정해져 있는 비의 양이 줄어들지는 않는다. 그냥 신속히 대비할 수 있을 뿐이다. 즉, 신속한 대비로 호우나 태풍이 왔을 때 닥칠 피해를 줄일 수 있다는 말이다.

정말 기상재난을 줄이는 가장 효율적인 방법은 어떤 것일까?

최근 기상재해로 인한 국지적인 피해가 잇달아 일어나고 있다. 기상이변이 그만큼 심각해졌다는 말이다. 지방자치단체 제도가 시행되면서 이런 피해는 중앙정부에서 지자체의 소관으로 이관됨에 따라 해당 지자체는 엄청난 타격을 받게 되었다. 그래서 각 지방자치단체들은 어떻게 하면 재난의 피해로부터 벗어날 수 있을까 골머리를 앓고 있다. 한 지방자치단체는 기상청과 협조하여 지역에 기상대를 설치했다고 하는데, 이 결과 미리 예상되는 기상 상태 정보를 현지에서 실시간으로 제공받음에 따라 피해를 크게 줄일 수 있었다고 한다.

군에서도 작전의 성공적인 임무완수를 위한 기상정보를 전문으로 생산·제공하는 공군기상전문부대를 두어 기상정보 지원업무를 관장하고 있으며, 이들의 전문성은 비록 군 작전에 한정되지만 태풍·집중호우 같은 국가적인 재해 발생 시 관군 합동으로 적절히 대응함으로써 군 전력 및 기타 인적·물적 손실을 최소화하고 있다.

정확한 예보에 못지않게 중요한 것이 있다. 전달체계이다. 장비나 노하우를 통해 정확히 예보했다 하더라도 이에 대한 정보전달 체계가 미흡하다면 무용지물이다. 사용자에게 이런 정보를 직접 전달할 수 있는 체계가 마련되어야 한다. 그래야 실용적으로 가치가 있는 것이다. 기상재해에 대한 조치를 취하려면 사용자가 기상 상태를 미리 숙지해야 하기 때문이다. 대응시간을 놓치면 아무런 소용이 없다.

기상 상태는 지난해와 다르지 않은데 똑같은 피해가 되풀이되는 것을 우리는 여러 차례 겪어왔다. 이는 대응시간을 놓쳤거나 대비책을 소홀히 하였거나 둘 중 하나일 것이다. 오늘날 지자체 시대에는 지자체 단위에 알맞은 대비체계와 거기에 맞는 예보시스템을 마련해야 한다. 시청이나 구청, 군청 등 단위 관공서에 이제는 기상지원담당관 같은 직제를 두는 것도 바람직한 것이라고 주장하는 전문가들도 있다.

기상이변이 속출하고, 기상재해가 한 번 발생하면 엄청난 피해를 유발하는 것에 비하면 이런 전문가를 지자체에 두어서 미리 피해를 막는 것이 오히려 경제적일 것이다.

최근 어떤 지자체에서 경험이 아주 많은 기상지원담당관을 신문지면을 통해 공모한 것을 보았다. 이런 것들이 아마 지자체를 효율적으로 운영하고, 기상으로 인한 재난의 피해 역시 최소로 할 수 있는 좋은 모델이 아닌가 제안해본다.

앞으로도 어떻게 하면 재난을 최대한 줄일 수 있을지 많은 노력을 기울여야 할 것이다. 자연재난은 인간의 노력으로 전부를 막을 수는 없지만, 미리 예측하여 그로 인한 피해를 최대한 줄일 수 있다는 신념을 가지고 노력할 때 우리의 안전과 행복을 보장할 수 있다.

Tip

오늘날 지자체 시대에는 지자체 단위에 알맞은 대비체계와 거기에 맞는 예보시스템을 마련해야 한다.

기상예보가 전쟁 승리의 일등공신

독일과 연합군의 전쟁, 과연 이 전쟁에서 승리자는 누구였는가?

우리는 노르망디 상륙작전에 관해 상식적으로 들어서 알고 있다. 미국의 한 영화감독도 이 전쟁에서 영감을 얻어 〈라이언 일병 구하기〉라는 영화를 만들었다. 치열하고 박진감 넘치며 긴박한 전투 장면을 우리는 영화의 처음부터 목격하게 되는데, 이 작전이 바로 독일군을 패배로 이끈 전쟁이며 연합군에게 승리를 안긴 전투였던 것이다.

그런데 노르망디 상륙작전에서 연합군에게 승리를 안긴 일등공신은 바로 기상예보였다. 결정적인 상륙작전의 승리, 지상에서 펼칠 수 있는 최대의 작전에서 변수는 단연 날씨였다. 날씨 상태가 공격을 하느냐 마느냐의 갈림길이었던 것이다. 연합군은 마지막이라 생각하고 독일을 초토화시키기 위해 지상 최대의 작전을 계획하고 있었다. 당

시에 작전을 지휘하는 지휘부에는 기상 상태를 예보해주는 기상 장교
가 있었다.

드와이트 D. 아이젠하워

　당시 노르망디 상륙작전을 지휘했던 지휘관은 우리에게도 너무 익
숙한 아이젠하워 장군이었다. 최대의 작전을 개시할 시간에 대해 지
휘관은 예보관의 의중을 물었다. 그리고 이때는 날씨뿐만 아니라 조
수간만의 차와 같은 날카로운 문제를 중요한 이슈로 잡았다. 당시 기
상을 담당했던 예보장교는 6월, 그중에서도 조수간만의 변화까지 고
려하여 5일 아니면 2주 뒤인 18일이 가장 적합한 날이라고 보고했다.
　6월 5일을 거사일로 잠정 결정했는데, 기상예보관들은 디데이 이
틀 전에 세 개의 저기압이 도버해협으로 다가오고 있다는 보고를 올

렸다. 날씨는 정말 나빠지기 시작했고, 출항을 서둘렀던 함정들은 악천후에 따라 귀항하기에 이른다. 처음에는 디데이로 잡은 계획이 실패할 거라는 염려를 하지 않을 수가 없었다. 이는 연합군이 독일군을 점령하려면 날씨를 활용하여 제공권을 장악해야 하기 때문이었다.

노르망디 상륙작전을 이대로 진행했다가는 승리를 장담하기 어려웠다. 날씨는 여전히 좋지 않았고, 작전 팀은 갈등하기 시작했다. 날씨가 이렇게 안 좋은 상황에서 설령 공격을 일시에 감행한다 해도 적을 제압한다는 보장은 하기 어려웠다. 그런데 기상예보관들은 전선이 생각보다 빠른 속도로 회복할 것이라는 보고를 올렸다.

"5일은 무리이겠지만 하루 정도 늦춘 6일에는 일시적으로 좋은 날씨를 회복할 것으로 보입니다."

그래서 아이젠하워 장군은 거사일을 하루 늦추어 6일을 디데이로 잡았던 것이다. 그런데 당장 6일 새벽이 되었는데도 날씨는 사나웠다. 당장 좋아질 기미가 보이지도 않았다. 그러나 기상예보관은 반드시 빠른 속도로 기상이 회복될 것이라고 확신했고, 이를 바탕으로 날씨가 꼭 좋아질 것이라고 보고했다.

아이젠하워 장군은 출항명령을 내렸다. 한편 적군이던 독일군 측기상 장교는 연합군 측 기상 장교와는 달리, 연합군이 거사일로 잡은 6일에도 날씨는 계속 나쁠 것이라는 예측을 내놓았다. 당연히 연합군의 공격이 6일에는 일어나지 않을 것이라고 믿었던 것이다. 이런 보고를 접하자 독일군은 경계나 태도가 느슨해질 수밖에 없었다.

연합군은 예보관의 확신에 따라서 대대적인 출사표를 던져 지상 최대의 작전이 시작되었고, 결과적으로 기상예보관의 판단 착오로 인해 경계를 늦춘 독일군을 단번에 제압할 수 있었다. 그래서 노르망디 상륙작전은 연합군의 완전한 승리로 끝나게 되었던 것이다.

만약 독일군 역시 정확히 예보를 하여 대처했다면 연합군은 결코 상륙작전에서 손쉬운 승리를 거둘 수 없었을 것이다. 또한 6일에 거사를 진행하지 않고 18일로 미루었다면 엄청난 타격을 입었을 것이었다. 왜냐하면 작전 예비일로 잠정 정해놓았던 18일 경에 엄청난 강풍이 일었던 것이다. 당시의 자료에 따르면 20년 만의 강풍이었다. 2차 대전의 운명은 이와 같이 날씨와 관련하여 정확하지 못했더라면 엄청난 차질을 빚었을 것이다. 당시 노르망디에서 연합군이 승리하지 못했다면 오늘의 역사 또한 달라졌을 것은 분명하다.

기상예보의 중요성은 앞으로도 계속될 것이다. '전쟁은 없다'는 보장은 없다. '세계전쟁은 없다'는 보장 역시 없다. 이처럼 날씨를 정확히 장악하면 전쟁에서도 승리할 수 있는 것이다. 일기를 정확히 예측할 수 있었던 과학의 발전과 유능한 예보관이 연합군 승리의 초석이 되었으며, 이를 믿고 과감히 실행한 지휘관이 아니었다면 또한 연합군의 승리는 점칠 수 없었을 것이다.

노르망디 상륙작전에서 연합군에게 승리를 안긴 일등공신은 바로 기상예보였다. 날씨를 정확히 장악하면 전쟁에서도 승리할 수 있다.

제2장

대자연이 말해주는 날씨와 상식

재미있는 별 이야기

우리가 수없이 바라보며 살아왔던 별, 별을 보지 못한 사람은 없다. 별은 육안으로도 밤하늘에 또렷이 보이는 행성이 아닌가. 별은 인간에게 따뜻한 이미지를 제공한다. 별은 사랑이나 마찬가지다. 알퐁스 도데의 「별」에서도 보면, 별은 단지 눈에 보이는 신비한 우주의 물체를 뛰어넘어 인간에게 사랑과 열정을 갖도록 하는 에너지를 지니고 있다. 우리가 별을 신비롭게 생각하는 까닭은 여기에 있다.

우리는 한여름 밤에 마당에 누워 비스듬히 떨어져 내리는 유성을 보았던 기억이 있을 것이다. 별똥이라고 하는 유성, 옛날에는 이런 유성의 모습을 보고 점을 치곤 했다.

지구에서 가장 가까운 별은 무엇인가? 어떤 과학자에 따르면 태양이라고 한다. 별이 태양과 다르지 않다는 사실을 말하고 있다. 대개 사람들은 태양이 별과는 전혀 다른 어떤 것이라고 말한다. 여러 가지 면에서 물론 차이는 있을 것이다. 그러나 천문학 세계에서는 다르지 않다고 한다. 따라서 태양은 지극히 평범한 별의 하나에 지나지 않는다는 것이다.

다른 별과 비교해보았을 때 지구에서 가장 가까운 것이 바로 태양이다. 그래서 다른 별에 비해 태양은 크게 보인다. 가까운 거리에 있기 때문에 밝게 보이는 것이다. 태양은 지구에서 약 1억 5천만 km 떨어진 거리에 있다는 것이 과학자들의 통설이다.

인류가 살고 있는 이 지구의 연령은 몇 살이나 되었을까? 통설에 따르자면 지구의 나이는 무려 45억 년이라고 한다. 지구상에 태양이 없다면 생명체는 살 수 없었을 터, 이렇게 태양이 열과 빛을 낼 수 있는 것은 거대한 수소로 이루어졌기 때문이라고 한다. 수소끼리 서로 모여서 부딪치게 되면 헬륨(He)이라는 물질이 만들어진다. 이런 상태에서 열과 빛을 낸다는 것이 정설이다.

이런 과정을 바로 핵융합 과정이라 하는데, 태양이나 모든 별에서 이런 과정이 일어난다. 태양의 핵융합 발전소로부터 우리가 지구에서 낮 동안 받게 되는 열과 빛이 생성되는 것이다. 그런데 만약 수소가 모두 반응하여 없어진다면 어떻게 될까? 말하자면 핵융합 반응이 끝난다는 말이다. 이렇게 되면 별은 빛을 잃게 되고, 결국 식어서 사라져버릴 것이다. 헬륨을 남기고 사라진다는 말이다.

그런데 헬륨끼리 서로 부딪치고 반응해서 다른 많은 빛과 열을 만들어내는 것으로 알려지고 있다. 이것이 바로 헬륨의 핵융합 반응이다. 하지만 이런 반응이 계속되는 것은 아니며, 어느 정도 지나면 헬륨이 다른 물질로 변화하게 된다. 별의 무게가 많이 나가면 폭발할 수도 있다고 한다. 별의 무게가 가벼우면 서서히 식어서 사라진다. 태양은 별 가운데서도 비교적 작은 별에 속한다.

그래서 50억 년이 지난다면 식어버릴 것이라는 전망을 하는 과학자들도 있다. 우리 육안으로 보이는 대부분의 별은 태양과 크기가 비슷하며, 이런 별들은 차츰 사라질 것이라고 한다. 별은 대개 다른 짝을 지니고 있는 경우가 대부분이다. 태양만이 외롭게 홀로 있는 별이라고 한다.

별이 생명을 다할 때에 크게 부풀어 보이는데 처음 크기보다 훨씬 커지며, 별의 표면이 식어가고 불그스름한 색까지 띤다고 한다. 이런 별을 적색의 거성이라 하는데, 이렇게 계속 커지다가 어느 순간에 버티지 못하고 뻥 터지는데 이런 별을 초신성(超新星)이라고 한다. 이는 아주 새롭게 보이는 별이라는 의미를 지니고 있다.

따라서 초신성이란 새롭게 생기는 별이 아니다. 별이 갑자기 터질 때 나오는 빛에 의해 그동안 보이지 않은 별을 보게 된다. 하지만 초신성은 새로 생기는 별이 아니라 사라져 없어져버리는 별인 것이다. 말하자면 생명이 다한 별이다.

별이 폭발하면서 놀랍게도 산소나 질소, 탄소 등의 원소들이 만들어지는데, 정말 놀라운 것은 이런 원소들이 인체의 구성원소라는 것이다, 그래서 인간의 몸이 머나먼 별에서 왔다고 말하는 과학자들도 있는 것이다. 이러한 별은 다양한 색깔을 띠는데, 색을 통해서 먼 곳에 존재하는 별의 온도를 알아낼 수 있다. 이렇듯 과학이란 우리의 삶 속에서 매우 유용하며 재미도 있다.

　별이나 태양을 통해, 혹은 별과 태양의 주변에 일어나는 현상을 통해 우리는 날씨에 관련한 다양한 예측을 했다. 이제 이런 것들마저도 좀 더 체계적으로 연구할 필요가 있다. 끊임없이 인류의 안정과 평화, 행복을 위해 우리의 노력은 계속되어야 한다.

초신성(超新星)이란 새롭게 생기는 별이 아니다. 초신성은 새로 생기는 별이 아니라 사라져 없어져버리는 별인 것이다. 말하자면 생명이 다한 별이다.

아빠도 모르는 과학 이야기

지구는 몇 살인가요?

우리가 밟고 사는 이 땅덩이는 언제 생겨났을까? 과연 지구의 나이는 몇 살이나 되는지 궁금한 사람들이 많을 것이다. 적어도 과학을 좋아하고 과학에 소질이 있는 사람들은 말이다. 지구의 나이를 측정하는 데는 암석들이 얼마나 오래되었는지가 중요하다. 암석들이 방출하는 방사능의 양을 측정하여 지구의 나이를 측정할 수 있다.

암석들은 대개 방사능의 주범인 우라늄을 약간씩 지니고 있다. 이 우라늄이 에너지를 발산하고, 차츰 납으로 변해가는 것이다. 과학자들에게 이런 사실이 왜 중요한가? 왜냐하면 과학자들은 우라늄이 납으로 변화하는 데 얼마나 시간이 걸리는지를 알고 있다. 따라서 암석

속에 우라늄과 납이 어느 정도의 비율로 섞여 있는지 비교함으로써 나이를 측정할 수 있는 것이다. 이런 방식으로 과학자들은 지구의 나이를 35억 년 정도로 추정하고 있다고 한다.

반면에 태양계의 다른 행성은 어떠한가? 일례로 다른 행성에서 지구로 떨어진 운석, 즉 별똥들은 45억 년 정도로 추정한다. 지구의 나이보다 훨씬 오래된 것으로 파악하고 있는 것이다. 그런데 대부분의 과학자들은 태양계에 대해 시간적 차이를 두고 탄생한 것이 아니며, 동시에 생기게 되었다고 보고 있다. 그래서 지구의 나이를 45억 년 정도로 추정하는 과학자들도 있다.

남극과 북극의 날씨는 같을까?

필자 역시 어린 시절 지구본을 살펴보면서 남극과 북극이 대칭되고 있는 것으로 보아 날씨는 거의 같을 것으로 생각했다. 하지만 그렇지 않은 것으로 알려졌다. 북극은 어느 지역인가? 지구상에서 보면 유럽이나 북미, 아시아 대륙의 가장자리 부분이다. 북극해가 거의 여기에 해당한다고 하는데 따라서 대부분이 물이다. 넓은 바다가 있어서 바다로부터 공기가 상승한 까닭에 비교적 높은 기온을 유지하고 있다는 것이다.

하지만 여기서의 높은 기온이란 남극과 비교해서 그렇다는 말이다. 여전히 추운 것은 마찬가지로, 북극은 겨울에는 영하 34℃, 여름에는 영상 10℃ 정도의 기온을 유지하고 있다고 한다. 이런 조건이라면 북극에는 식물이나 동물 등이 살 수 있으며, 우리가 잘 알고 있는 에스키모인들 역시 살고 있다.

남극은 어떨까? 남극은 대부분이 물인 북극과는 달리 대개 얼음덩어리라고 한다. 남극대륙은 그래서 대부분이 딱딱한 모양이며, 여기야말로 지구상에서 가장 추운 곳이라고 한다. 불모지의 땅이 바로 남극인 셈이다. 대체 어느 정도의 기온이기에 가장 춥다고 할까? 겨울에는 영하 30℃에서 70℃ 사이라고 한다. 심지어 여름철에도 영하권에 머물고 있다. 여기에서는 단순한 벌레라든지 추위에 견딜 수 있는 소수종의 식물만이 살 수 있다고 한다.

이곳도 해안지방이 내륙지방보다 조금 따뜻하다고 하는데, 이런 까닭에 물개나 고래, 펭귄, 몇 종의 물고기와 새들이 생존하고 있다고 한다. 과학의 세계는 미지의 세계여서일까? 남극이 빙하로 덮인 직접적인 까닭을 과학자들은 아직 알지 못한다고 한다. 정말 놀라운 과학의 세계이다.

지구는 어떤 모양인가?

지구를 가운데서 가로로 자른다면 마치 양파를 잘랐을 때와 같은 모습이라고 한다. 지구의 중심 부분은 양파 껍질들이 층으로 나뉘어져 있듯이 여러 층으로 되어 있다. 지구는 크게 지각, 맨틀, 지핵의 세 층으로 이루어져 있다.

지각은 무엇인가? 바로 지구의 표면을 의미한다. 흙과 물, 암석 등으로 구성되어 있으며, 바다 밑으로 약 8km, 육지 밑으로 약 32km 까지의 범위를 말한다. 그런데 이 부위는 온도의 장난이 아니다. 우리가 생각하는 상상을 초월하는 것! 무려 800℃에 이른다고 한다. 800℃의 온도는 어느 정도인가? 아마 상상이 가지 않을 것이다. 무려 바윗덩어리를 녹여버릴 수 있을 정도로 뜨거운 온도이다.

지각 다음 층은 바로 맨틀이다. 2,900km 깊이의 두꺼운 바위 층을 말한다. 맨틀의 아주 깊은 부위는 온도가 2,200℃에 이른다고 한다. 지각의 온도보다 훨씬 높으며, 거의 세 배에 이른다.

지핵은 내핵과 외핵으로 구별한다. 외핵은 액체로 구성되어 있는데, 액체 가운데서도 철과 니켈로 구성되어 있다. 온도는 3,600℃에 이른다. 반면 내핵은 실제적인 지구의 가장 중심 부위로 1,300km 두께를 자랑하고 있다. 구조는 어떻게 생겼을까? 고체 상태로서 철과 니켈로 구성되어 있다고 한다. 내핵의 온도가 지구 가운데 가장 높다. 가장 높은 부위는 무려 5,000℃ 정도로, 지구의 거대한 무게와 압력 탓에 고체 상태로 존재하고 있다고 한다.

하늘 교통표지판

인간은 복잡한 것을 싫어한다. 그리고 어려운 것도 싫어한다. 그래서 방이나 아파트, 자동차의 번호 등 구별하기 어려운 것은 숫자를 매겨서 구별한다. 복잡한 것은 이렇게 단순화하는 방법을 통해서 간편하게 한다.

우리가 살아가는 지상의 삶에서 빼놓을 수 없는 것은 자동차이다. 빠르고 위험하기 때문에 자동차가 많이 다니다 보면 사고가 나게 된다. 그래서 인간들은 마구잡이로 다니지 않고 도로의 방향을 구별하기 시작했다. 예전에 마차가 다닐 때에는 그런 개념이 거의 없었다. 대량의 자동차가 등장하고 속도가 빨라지기 시작하면서 충돌에 따른 위험이 생겼다. 그래서 사고를 피하고 자동차 기능을 극대화하기 위해 주행선을 구별하게 되었던 것이다.

인간은 드넓은 세상을 쉽게 파악하고 보기 위해서 지도를 그리게 되었다. 지도 안에 인간들이 사는 세상의 모습을 어떻게 하면 잘 담을 수 있을까? 어떻게 해야 한눈에 쉽게 알아볼 수 있을까? 이런 고민을 하다가 오늘날 지도를 만들게 되었던 것이다. 그리고 도로에는 인간들이 편리하고 안전하게 이용할 수 있도록 다양한 규칙들을 만들었다. 도로교통법 등은 이런 과정 속에서 탄생한 것이라고 할 수 있다.

우리는 비행기를 타고 바다 건너 다른 나라에 빠른 시간에 닿을 수 있다. 그냥 무작정 비행기가 공중을 날아갈 수가 있을까? 그렇지 않다. 하늘에도 길이 있고, 비행기가 지켜야 하는 법칙이라는 것이 있다. 하늘을 날아가는 비행기가 무사히 목적지에 도착하기 위해서는 어떻게 해야 할까? 가장 먼저 안전의 문제를 생각해야 한다. 하늘을 날아가는 비행기의 수는 엄청나게 많기 때문에 공중에서 충돌의 위험이 있다. 그리고 엄청나게 멀리 가기 때문에 항로를 이탈할 수도 있다. 이런 문제를 해결하기 위해 하늘에도 교통표지가 있다.

숫자로 속도를 제한하고 여러 개의 항공로를 표시하며 지시하는 것인데, 모든 항공 운송수단은 이의 통제를 받는다. 관제탑은 바로 인간의 두뇌와 같은 중추신경 역할을 하며, 일종의 교통표지판 역할을 해준다. 관제탑에서는 레이더 신호를 통해서 항공로를 표시해준다. 레이더는 빛의 파동을 이용하는 것이 아니라 전파를 사용한다. 비가 오고 흐리고 눈이 올 때에도 비행기가 다닐 수 있는 것은 햇볕, 즉 광파가 아니라 전자파를 사용하기 때문이다. 전자파가 있기 때문에 어둠을 뚫고 아주 멀리까지 안전하게 도달할 수 있는 것이다.

우리는 지상에서 차를 운행할 때 도로표지판을 보고 목적지를 향해 나아간다. 그리고 복잡한 차량운행에서 오는 위험을 줄이고 효율적으로 운행하기 위해 차선을 지킨다. 비행기도 마찬가지다. 비행기에는 수신기가 달려 있다. 비행사는 자신이 운행하는 비행기에 달려 있는 수신기가 잡은 레이더를 보고 운행한다. 관제탑에서 지속적으로 수신기에 레이더를 보내 비행기를 조종하는 것이다. 바로 이렇게 하기 때문에 자신의 길을 사고 없이 안전하게 날아갈 수 있는 것이다.

우리는 버뮤다 삼각지대라는 말을 많이 들어왔다. 마치 무서운 악마 같다 해서 악마의 삼각지대라고도 한다. 미국의 마이애미와 푸에르토리코, 버뮤다에 이르는 대서양에 위치한 삼각지대이다.

그런데 이 지역을 지나는 비행기와 배가 지난 200년 동안에 100대 이상이 사라져버린 것이다. 무엇보다 놀라운 일은 난파된 배나 비행기의 흔적을 찾을 수가 없었다는 점이다. 관제탑과의 전파가 끊기고 비행기가 사라져버렸다. 지금까지 그 사라진 비행기들의 흔적을 발견하지 못했다고 한다. 생존자들 역시 한 명도 발견되지 않았다. 이에 대해 어떤 과학자들은 엄청난 폭풍우나 공기의 흐름이 이 비행기나 배들을 파괴하고, 잔해들을 멀리 운반해버렸다고 믿는다. 하지만 정확한 원인은 여전히 미스터리로 남아 있다.

어떻든 하늘에도 엄연히 표지판이 존재하며, 이런 표지판을 토대로 우리는 미국이나 북유럽, 아프리카, 동남아 등 가고 싶은 곳까지 안전하게 여행할 수 있다.

　아직도 인류의 과학은 끊임없이 발전을 거듭하고 있다. 과학은 기상이나 기후, 대기변화 등에 대해 인류에게 많은 유익함을 가져다주고 있다. 하늘의 교통표지판이 인류의 노력에서 비롯되었듯이, 인류의 안전하고 편리한 생활을 위해 더욱 끊임없는 노력이 요구되는 시점이다.

하늘에도 엄연히 표지판이 존재하며, 이런 표지판을 토대로 우리는 미국이나 북유럽, 아프리카, 동남아 등 가고 싶은 곳까지 안전하게 여행할 수 있다.

체감온도와 관련한 최고의 상식

기온이란 무엇인가? '氣溫'이라는 한자에서 바로 그 뜻을 추측해 볼 수 있듯이, 대기의 온도이다. 우리가 공기에서 느끼는 온도가 바로 기온이다. 그런데 어떤 일이 일어나느냐 하면 우리가 실제로 느끼는 온도는 기온과 다르다는 점이다. 이른바 체감온도라는 것이다. 그러니까 체감온도라는 것은 우리가 춥다, 덥다 하고 느끼는 정도를 숫자로 나타낸 것을 말한다.

체감온도에는 여러 가지 요인이 적용되어 있다. 그날의 습도, 햇볕, 온도, 바람 상태 등 다양하다. 만약 바람이 세게 분다고 할 때는 우리가 느끼는 체감온도는 기온보다 훨씬 내려간다. 이런 체감온도 계산을 잘해야 사람들에게 유익한 정보를 제공할 수 있다. 체감온도 계산을 잘못하면 사람들이 불이익을 당할 수도 있는 것이다.

미국이나 캐나다 등지는 특히 겨울의 날씨가 변덕이 심한 것으로 알려져 있는데, 그냥 기온에 관한 정보를 제공하면 사람들이 외출하는 데 별로 도움이 되지 않는다. 예전에는 체감온도를 계산하지 않고 그냥 기온만 달랑 보여주었다. 체감온도 개념은 미국 등지에서 나오기 시작한 것으로 알려져 있다. 요즘에는 세계 어디서나 기온과 체감온도를 동시에 제공한다. 그만큼 정밀하게 날씨를 점검한다는 말이며, 다양한 방법에 의해 날씨를 계산하는 기술을 터득했다는 말이다.

고혈압 환자 등이 그냥 기온만을 염두에 두고서 외출했다가 뇌출혈로 쓰러지는 경우가 있다. 체감온도를 무시했기 때문이다. 그리고 사람에 따라서 체감온도를 느끼는 정도 역시 달라질 수도 있을 것이다. 그래서 자신의 건강 상태, 신체 상태를 점검한 다음에 외출을 시도하는 것이 현명하다.

그렇다면 온도는 얼마나, 어디까지 내려갈 수가 있을까? 만약 아주 작은 방에 한없이 창문을 열어 찬바람을 불어넣는다 할 때 온도는 끝없이 내려갈 것인가? 그렇지는 않다. 왜냐하면 온도라는 것은 나름대로 특성이 있기 때문이다.

온도라는 것은 물질이 가지는 에너지라고 할 수 있다. 어떤 물질이든지 그것을 구성하는 입자가 있게 마련이다. 바로 우리가 흔히 귀에 익숙하게 들어왔던 '원자'라는 것인데, 온도가 높아지면 입자들의 움직임이 활발해진다. 그러면 이런 입자들이 기체가 되는 것이다. 그리고 온도가 만약에 낮아졌다고 하자. 이럴 경우에는 입자들이 활발하게 움직이지 못해서, 즉 둔해져서 고체로 변하기 시작한다.

이런 현상은 물을 참고하면 쉽게 이해할 수 있다. 물을 가열하면 수증기가 되고, 겨울에 가열된 열을 낮추면, 즉 열을 방출하면 얼음이 되는 것이다. 이렇게 하여 우리가 얻어낸 것이 바로 절대영도, 즉 영하 273.15℃이다. 어떤 경우에도 이 아래로는 더 내려가지 않는다는 점을 발견한 것이다.

절대영도의 정의를 내리면, 기체의 부피는 0, 에너지를 완전히 잃는 점. 바로 이게 절대영도다. 그렇다면 절대영도는 섭씨 영하 273℃를 나타내는 것인데, 과연 우리 지구상에 이런 절대영도를 기록하는 곳이 있는가? 아무리 태양복사량이 빈약한 극지라 해도 이 정도의 온도까지 내려가지는 않는다고 한다. 영하 100℃에 육박하는 지역이 발견된 경우는 있었어도 절대영도에까지 이르지는 않았다는 것이다. 우주에서 기록된 것도 절대영도보다 높은 온도였던 것으로 보고되어 있다.

절대영도를 우리는 어떻게 만들 수 있을까? 현실적으로 불가능하다는 말이 있다. 사실상 현실 속에서 이런 경우가 없고, 설령 과학자들이 절대영도를 만들어보려고 노력한다 해도 쉽지 않다. 절대영도가 되면 그 입자들의 움직임이 멎고 크기도 작아져서 사라져버리는 것이라고 이론상으로 말한다. 하지만 존재하던 물체가 사라져버린다는 것은 현실적으로 불가능하지 않은가.

여기서 중요한 사실 한 가지가 있다. 과학자들이 절대영도를 연구하다가 어떤 사실을 발견했다고 한다. 어떤 금속물질이 절대영도에 가깝도록 온도가 내려가면 전기저항이 사라진다는 것이다. 이런 물질을 흔히 초전도체라고 부른다. 우리도 많이 들어본 용어이다. 그래서 초전도체로 전선을 만들면 전기 손실 없이 송출할 수 있다고 한다.

초전도체의 이처럼 신비한 특성은 어디에 사용되고 있는가? 우리가 건강검진을 할 때 유용하게 사용하고 있는 MRI, 이른바 자기공명영상에서 사용된다. 또한 최근 많은 연구가 이루어져 실용화를 앞두고 있는 초고속 자기부상열차 등도 예로 들 수 있다. 우리는 앞으로 다양한 영역에서 이런 초전도체를 사용할 수 있을 것이다.

이처럼 우리가 쉽게 여기고 쉬이 들어보는 체감온도 하나에서도 수 없는 여러 과학현상을 유추해낼 수 있는 것처럼, 대기와 관련한 과학은 신비스럽기 그지없다.

과학자들이 절대영도를 연구하다가 어떤 사실을 발견했다고 한다. 어떤 금속물질이 절대영도에 가깝도록 온도가 내려가면 전기저항이 사라진다는 것이다. 이런 물질을 흔히 초전도체라고 부른다.

제3장

우리 지구환경에 무슨 일이 일어나고 있는가

햇볕을 마냥 피해서는 안 돼!

　우리는 햇볕의 존재를 매우 소중히 여기고 살아간다. 당연한 얘기다. 우리가 태어나던 순간에도 햇볕은 따스하게 우리에게 내리쬐었을 것이다. 햇볕은 우리가 먹는 과일과 채소, 농작물이 자라는 데도 없어서는 안 되는 필수적인 요소이다. 세상에 태양이 사라진다면 바로 암흑이 될 것이며, 세상은 혹한으로 생명체가 없어질 것이다. 지구의 반대편에서라도 태양은 항상 온기를 불어넣고 있는 존재가 아닌가.

　우리에게 이렇듯 소중한 햇볕이 독이 될 수도 있다. 아마 우리는 머릿속에 학창시절 조회시간에 툭 쓰러지는 학생에 대한 기억이 하나쯤 있을 것이다. 물론 당시에는 못 먹고 살다 보니 빈혈에 의해 그랬을 수도 있다. 하지만 뙤약볕에 장시간 노출되어 있다 보니 그런 현상이 일어나기도 했던 것이다.

햇볕을 너무 많이 쬐어도 문제, 너무 적게 쬐어도 문제다. 햇볕을 쬐지 못한 나무는 제대로 성장할 수가 없다. 광합성 작용을 제대로 할 수 없기 때문이다. 햇볕을 자주 �% 사람과 전혀 햇볕을 쬐지 못한 사람은 건강상 많은 차이를 보일 것이다. 햇볕이야말로 인간의 건강에 절대적인 영향을 미친다.

태양의 온도는 엄청날 것이다. 우리 지구상에 내려오는 햇볕은 원래 태양열의 20억 분의 1에 불과하다고 한다. 이런 햇볕으로 모든 생명체를 활동하게 하고, 생동감 넘치게 하고, 새로운 생명력을 갖도록 하는 것이다.

만약 이러한 햇볕에 이상한 조짐이 생긴다면 어떻게 될까?

태양에 이상한 조짐이 발생하는 것을 이른바 흑점 이상이라고 한다. 흑점활동이 활발해질 때 인체에는 많은 변화가 생긴다는 연구 결과도 있다. 흑점활동이 활발할 때는 엄청난 에너지를 우주로 내쏘게 되는데, 가장 먼저 심장마비나 고혈압 환자가 몰라보게 증가한다고 한다.

반대로 흐린 날, 즉 햇볕이 나오지 않는 날에는 어른들이 관절이 결리고 쑤신다는 말을 많이 한다. 녹내장이나 다른 신경계 질환, 관절 관련 질환 등이 급증한다는 보고도 있다.

햇볕을 전혀 쬐지 않는 사람에게는 각기병, 구루병 등이 생긴다고 한다. 각기병이라는 이름은 '나는 할 수 없어'를 의미하는 스리랑카 원주민의 언어로부터 유래된 것이다. 전형적인 티아민(비타민 B1) 결핍증으로, 원인은 흰 쌀밥을 먹기 때문이라고 알려져 있다.

구루병은 4개월~2세 사이의 아기들에게서 잘 발생하는 것으로 알려져 있다. 비타민 D 결핍증으로, 머리나 가슴, 팔다리 뼈의 변형과 성장 장애를 일으킨다. 골격이 약해지고 혈액 농도가 높지 않아 압력을 이기지 못해서 발생하는 것이다.

앞에서 언급한 질병들은 햇볕과 크게 관련이 있다.

여성은 남성에 비해 몇 배의 우울증 발생 빈도를 보이는데, 이 역시 햇볕을 보지 않는 것과 관련이 있다. 남자들이 직장에 나가는 사이 아내는 집 안에서 햇볕을 보지 못한 채 일을 하기 때문이다. 수면을 충분히 취하지 못해서 고통을 호소하는 현대인들도 기하급수적으로 늘고 있다. 이런 질병 역시 햇볕을 보지 못하기 때문에 발생하는 경우가 흔하다. 치매도 햇볕과 일정 부분 관련이 있다고 한다. 빛이 우리의 일상생활에 얼마나 중요한 것인지 보여주는 사례들이다.

지구의 위도가 높은 지역에서는 햇볕을 받을 수 있는 시간이 짧아서 태양이 있는 동안 사람들은 집중적으로 빛을 쏘인다고 한다. 벽에 창을 내는 인류의 행태는 단순히 답답한 마음을 풀기 위함보다 건강을 지키기 위한 절박한 심정에서 비롯된 것일지도 모른다. 햇볕을 너무 많이 받아 피부암을 염려하는 것은 우리에게 아마 기우일지 모른다. 현대인들은 대개 햇볕이 부족한 편이지 넘치는 것은 아니기 때문이다.

이제 일기예보는 날씨와 건강, 날씨와 마음, 날씨와 정신에 관한 부분까지 언급할 필요가 있다. 따라서 기상관련 업체나 관련자들은 다른 연관 업체나 관련자들과 다양한 네트워크를 구축할 필요가 있다. 현대인은 단순히 비가 온다, 눈이 온다, 태풍이 분다 정도의 정보가 아니라, 좀 더 폭넓고 전문적인 정보를 원한다는 사실을 간과해선 안 될 것이다.

햇볕을 전혀 쬐지 않는 사람에게는 각기병, 구루병 등이 생긴다. 여성은 남성에 비해 몇 배의 우울증 발생 빈도를 보이는데, 이 역시 햇볕을 보지 않는 것과 관련이 있다.

일식과 월식은 왜 일어나는가

최근에 우리는 대낮인데 태양을 가리는 그림자를 보았다. 일식(日蝕)이라는 우주현상이 나타났던 것이다. 지구와 태양 사이에 달이 끼어들어서 이런 현상이 발생했던 것인데, 예전 같으면 이런 경우 하늘이 노했다는 말을 했다. 임금이나 관료들이 정갈하지 못해서 이런 불길한 현상이 나타났다고 생각한 것이다.

옛날 사람들은 땅이 꺼져드는 일을 두고 하늘이 변괴를 부린다고 생각했다. 벼락이 많이 치던 날도 누군가 부정한 짓을 저질러 그런 일이 벌어지는 것이리고 여겼다. 실제로 크고 직은 지진이 일어났는데 이때마다 이런 변괴가 일어나는 원인을 백성이나 임금, 관료들의 잘못에서 찾으려고 했다. 적어도 과학이 머리를 들이밀지 못했을 때는 말이다.

우주의 원리를 알면 이런 일은 전혀 이상할 것이 없는데 옛날에는 그 난리를 쳤다. 죄 없는 사람들이 이런 자연적인 현상 탓에 얼마나 고초를 당했을까 생각하면 가슴이 시려온다.

그렇다면 일식과 월식은 왜 일어나는가?

달은 지구와 가까운 거리에 있다. 달은 지구 가까이에서 지구의 둘레를 돌고 있다. 지구는 또 태양의 둘레를 돈다. 이런 상황에서 달이 태양의 바로 앞에 놓일 때가 있다. 바로 이때 달이 태양을 가리게 되는데, 이를 일식이라고 한다. 부분만을 가리는 것을 부분일식, 전체를 가리는 것을 개기일식이라 한다.

태양과 달의 지름의 크기는 어떤 현상을 가져올까? 태양의 지름이 달의 지름보다 훨씬 크다면 달은 태양을 완전히 가릴 수가 없을 것이다. 그렇다면 달이 바로 태양의 코앞을 지나고 있더라도 이런 사실을 눈치 채지 못할 수도 있다. 왜냐하면 태양은 너무 밝기 때문이다. 따라서 금성이나 수성 등이 태양 앞을 지날 때 그 사실을 인류가 알아차리기는 쉽지 않다.

그런데 태양과 달의 지름은 거의 차이가 없다고 한다. 이런 상황에서 태양과 달과 지구가 나란히 줄을 서면 어떤 모습일까? 달이 태양을 완전히 가리게 되는 것을 알 수 있다. 바로 개기일식이 일어난다는 말이다.

이런 과학적 사실을 옛날에는 까마득히 알지 못했다. 그래서 두 나라가 전쟁을 치르다가 이런 현상이 일어나면 하늘이 변괴를 부린다

하여 서둘러 전쟁을 중지하고 평화조약을 맺었다는 일화도 있다. 요즘에는 몇 년에 한 번은 일식을 볼 수 있다는 것을 우리는 너무 잘 알고 있다. 2012년 5월 21일 오전 7시 30분경에도 달이 태양의 80%를 가리는 우주쇼가 진행되었다. 우리는 이런 우주쇼를 자주 보게 될 터인데, 2016년에 다시 일식현상이 나타날 거라고 한다.

월식 또한 형식은 일식과 마찬가지다.

월식은 지구가 달과 태양 사이에 있는 경우에 일어난다. 달에서 봤을 때 지구가 태양을 가리는 현상을 생각할 수 있는데, 이런 순간에 지구에서 달을 보면 달에 지구의 그림자가 비치는 것을 볼 수 있다. 바로 보름달이 한쪽부터 조금씩 어둡게 되어가는 것인데, 이것이 바로 월식이다.

일식과의 차이는 지구가 달보다 훨씬 커서 지구가 가리는 그림자 부분이 달의 그림자보다 훨씬 크다는 사실이다. 달이 지구의 둘레를 돌면서 이 그림자 부분을 지나는데 시간이 많이 걸린다. 지구가 크기 때문에 그렇다. 그래서 월식은 일식보다 우리가 관찰할 수 있는 시간이 훨씬 길다. 월식은 지구상에서 밤이 되는 상황에서 어디서나 볼 수가 있다.

생각하면 재미있는 이런 현상을 보면서 우리는 여유를 가질 수 있다. 자연과 우주, 인간이 하나로 소통하는 방법이 바로 이런 것이다. 신을 경외하는 마음, 인간의 겸손, 자연의 법칙, 다양한 생각들이 머릿속에서 가지치기를 한다.

달은 지구 가까이에서 지구의 둘레를 돌고 있다. 지구는 또 태양의 둘레를 돈다. 이런 상황에서 달이 태양의 바로 앞에 놓일 때가 있다. 바로 이때 달이 태양을 가리게 되는데, 이를 일식이라고 한다. 월식은 지구가 달과 태양 사이에 있는 경우에 일어난다.

아틀란티스는 어디 있는가

우리는 많은 탐험가들의 이야기를 들어서 알고 있다. 옛날에는 금광을 찾아 유랑하는 사람들이 있었지만, 생뚱맞게도 대륙을 찾아 떠다니는 사람들도 많았다. 무엇보다 우리는 콜럼버스 이야기를 잘 알고 있다. 콜럼버스는 대륙을 찾아 떠돌다가 아메리카 대륙을 발견했다. 이탈리아의 탐험가로 널리 알려진 그는 신대륙을 발견하여 새로운 세계를 개척한 중요한 인물이다.

일전에 읽은 어떤 책에 아틀란티스에 관한 얘기가 있었다. 공상의 대륙, 어디엔가 있을 사라진 대륙을 찾는 모험담이었다. 강력한 군사로 무장한 휘황찬란한 문화의 상징이 바로 아틀란티스가 아닌가? 찬란한 고대문화의 꽃이라 묘사하고 있었는데, 플라톤은 자신의 글 속에 이런 이야기를 적어놓았다. 아틀란티스는 지금으로부터 1만 2천여 년 전, 하룻밤 사이에 사라진 대륙이라고. 그래서 실제 항해사들은 이 대륙을 찾아 온 바다를 헤매고 다녔다. 대서양 가운데 아틀란티스가 떠 있었다는 이야기를 따라서 이들은 목숨을 걸고 항해했을 것이다. 이들의 희생을 통해 여러 대륙이 발견되고, 섬들이 발견되었다.

베게너에 따르면 대륙은 이동한다고 한다. 그러나 통설은 아니며 인정받지 못했다. 그는 남아메리카의 동해안과 아프리카의 서해안이 형태가 닮은 사실을 통해, 처음에는 붙어 있던 대륙이 점차 이동하여 멀어졌다는 생각을 했다. 그래서 찢어진 신문지를 맞추듯 두 대륙을 대보면 딱 들어맞는다고 보았던 것이다. 해안선의 모양도 일치하고, 두 대륙의 지층이나 산맥도 연결되어 있다고 보았다. 그러나 베게너는 어떤 힘으로 대륙을 움직일 수 있는가를 설명하지 못했다.

그 후 대륙 밑에서 마그마가 솟아올라 대륙 사이를 멀리 떨어지게 만들었다는 판(板)구조론이 발표되었다. 이렇게 하여 대륙 사이는 녹은 마그마로 굳어진 용암으로 차츰 메워졌으며, 이 틈이 대륙보다 낮아서 바닷물이 흘러들어와 거대한 대서양이 생겼다고 한다. 이런 학설은 최근에 주장되고 있는 것인데, 상당히 설득력이 있다.

큰 판이 있고 작은 판이 있다. 큰 판으로는 유라시아판과, 태평양 대부분의 해저를 이루고 있는 것으로 알려진 태평양판이 있는데 이들은 10,000km가 넘는 거대한 판이다. 그리고 짧은 판으로는 일본 남쪽에 필리핀판과, 이란에서 지진을 자주 일으키는 이란판이 있는데 이들 판은 지름이 2,000~3,000km 정도 된다고 한다.

이러한 판들이 서로 밀치거나 포개지고 요동을 치면서 마치 세력 싸움을 하듯 하기 때문에 한쪽 면이 다른 쪽에 밀려들어가는 일이 일어나는 것이다. 바로 이런 것이 지진이 된다. 지각의 판이 움직이는 것이다. 이렇게 되면 판이 사라지는 영역이 있을 수 있고, 판이 새로 생기는 영역도 있을 수 있다. 이렇게 하여 산이 생기고 땅이 융기하고 또한 사라질 수도 있다. 수만 년, 수억 년을 통해 이런 과정이 일어났을 것으로 지질학자들은 내다보고 있다. 지진도 일어나고 화산도 일어나며 대륙 간 밀고 당기는 힘에 의해 조산운동도 일어나는 것이다. 이렇게 다양한 현상이 지구에서 일어나고 있는 것이다.

이렇듯 지구 혹은 자연의 현상에 대해서 알면 매우 흥미롭다. 우리가 이런 근원적인 분야에 대해 교양을 축적하는 일도, 예절이나 도덕 분야에서 교양을 쌓는 일 못지않게 중요하다. 이런 분야에 대한 지식을 쌓게 되면 무엇보다 자연을 존중하고 우주를 존중하며, 어떤 절대자의 힘 등에 대해 외경심을 가질 수 있기 때문이다.

큰 판과 작은 판들이 서로 밀치거나 포개지고 요동을 치면서 마치 세력 싸움을 하듯 하기 때문에 한쪽 면이 다른 쪽에 밀려들어가는 일이 일어난다. 바로 이런 것이 지진이 된다.

지상으로부터 1,000km까지

우리는 잔디에 누워 가끔은 하늘을 쳐다본다. 사람의 육안으로 어디까지 보일까? 그리 멀리까지 보이지는 않는다. 흔히 지상에서 1,000km까지의 거리를 우리는 대기권이라고 한다. 이러한 대기권에는 많은 대기가 가득 차 있다. 이러한 대기들은 지구의 중력에 의해서 지구를 둘러싸고 있는 것이다. 지구상의 대기 가운데는 질소와 산소가 전체 공기 부피의 약 99%를 차지하고 있다고 한다.

대기가 오염되었다는 것은 바로 이러한 대기권이 그을음이나 재, 먼지, 유독가스 등으로 더럽혀져 있다는 말이다. 화석연료를 태우는 데서 비롯하여 최근에는 자동차나 기계 등에서 비롯한 매연으로부터 발생하는 사례가 크게 증가하고 있다.

그런데 이러한 대기권은 기온의 분포에 따라 대류권, 성층권, 중간권, 열권으로 나누어진다.

먼저 대류권이란 무엇인가? 대기권의 가장 아래층을 말한다. 지상에서 약 8~12km 구간이다. 대기권에 있는 공기 전체의 75%가 이 대류권에 존재한다고 한다. 그러니까 우리가 살고 있는 이 땅에서 10km 전후에 공기가 거의 몰려 있는 것이다. 비나 구름, 바람, 눈 등의 기상현상은 바로 이 대류권에서 일어나고 있다. 우리가 비행기를 타고 갈 때 땅에서는 눈이 내렸는데 공중으로 비상하는 어느 지점에서부터는 파란 하늘을 감상할 수 있는 것은 바로 이런 점 때문이다.

대류권 위는 성층권이라고 한다. 성층권은 대류권과 중간권 사이에 존재한다. 통상 12~50km 고도에 위치한다. 성층권의 특징은 무엇인가? 정말 신기한 일들이 바로 여기에서 일어난다. 성층권에서는 높이 올라갈수록 기온이 상승한다. 대류권과는 정반대의 현상이 일어나고 있는 것이다. 이러한 원인은 무엇인가? 성층권에는 오존층이 존재하는데, 태양으로부터 오는 자외선을 흡수하여 가열되기 때문이다.

중간권은 성층권 경계면으로부터 중간권 경계면까지를 말한다. 대략 중간권은 80km 정도의 높이에 있는데, 대기권에서 평균기온이 가장 낮은 곳이 바로 중간권이다.

이 중간권을 넘어서면 다시 열권이 나타난다. 그러니까 열권은 대기권의 맨 상층부를 일컫는 말이다. 지표면에서 85~600km까지를 보통 열권이라 한다. 열권은 파장이 0.1μm 이하의 자외선을 열권에 있는 질소나 산소가 흡수하므로 온도가 높아지는 것으로 알려져 있으며, 고도 약 200km까지는 온도가 비교적 급격히 상승하지만 그 위에서는 서서히 상승한다고 알려져 있다. 열권의 대기 농도는 매우 희박하여 공기 분자가 서로 충돌하는 일이 거의 일어나지 않는다. 따라서 온도를 규정하는 일이 사실 불가능하다고 한다. 이 영역에서는 중성 입자와 이온화된 입자들이 독립적으로 운동한다. 그래서 그들의 온도가 일정하게 나타나지 않는 것이다. 우리가 흔히 인공위성을 쏘아 올린다고 하는데, 바로 인공위성의 궤도로 사용하는 곳이 이 열권에 해당한다.

우리가 이렇게 대기권에 대해 이해하고 있으면 다른 내용들은 쉽게 이해할 수 있다.

제트기류는 대류권의 상부 혹은 성층권의 하부에서 수평축으로 강하게 부는 바람을 말한다. 제트기는 매우 빠른 비행기를 말하는데 바로 이런 데서 빌려온 말이다. 제트기류는 폭이 몇 백 킬로미터, 길이가 수천 킬로미터에 달한다. 그리고 두께 역시 몇 백 미터에 이른다고 한다. 제트기류에는 여러 구간이 있는데 거기에서 다양하게 바람의 속도가 변화를 보이고 있는 것으로 알려져 있다. 같은 제트기류라 하더라도 여러 가지 모습을 하고 있다는 말이다.

우리는 대기권에 대해 상세히 알아보았다. 대기권이 이렇게 다양하게 구별되어 있으며, 그 구간마다 저마다 독특한 특성을 보이고 있다는 사실, 이런 사실을 인식하며 살아가는 일이 우리 삶 속에서 뭐가 그리 중요한가? 이렇게 반문하는 사람도 있을 것이다. 하지만 우리가 기후나 기상 등에 다가서는 노력을 통해 지식과 정보를 넓히고, 무엇을 준비해야 하는지 작은 인식을 통해 지금보다 훨씬 안전하고 유익한 생활을 창출할 수 있을 것이다.

우리는 이제 이런 것들을 상비약처럼 머리맡에 두고 살아야 할 때가 되었다. 하루가 다르게 달라지는 기후와 기상으로부터 안전할 수가 없고, 언제 어디서 어떤 사고에 노출될지 아무도 모른다. 우리가 은연중에 준비한 이러한 노력들이 훗날 생각해보면 우리의 안전과 생명을 지키는 파수꾼이 될 수도 있는 것이다.

대기권은 기온의 분포에 따라 대류권, 성층권, 중간권, 열권으로 나누어진다.

지진, 이젠 지구의 감기?

　우리는 하루가 다르게 지진에 관한 뉴스를 접한다. 옛날에는 상상 속에서나 지진을 얘기했다. 문헌에 나타난 기록에는 상당히 오랜 역사를 두고 지진이 발생했기 때문이다. 그런데 요즘에는 정말 자주 지진에 관한 뉴스를 접한다. 남의 나라에서 발생한 지진에 대한 얘기를 듣다가 이제 직접 우리 곁에서 일어난 지진에 대한 뉴스를 접한다. 대체 뭐가 문제란 말인가? 우리는 장차 어떻게 될 것인가?

　이런 뉴스를 접하면 마음이 편치 않다. 얼마 전에도 우리는 아래 지방에서 발생한 뉴스를 접했다. 우리 주위에 당시에 직접 흔들림을 경험한 사람들도 많이 있다. 필자 역시 생생히 지진을 경험했던 적이 있다. 마치 거대한 힘을 지닌 조물주 혹은 신이 인간들을 벌하기 위해 마구 땅을 흔드는 것과 같은 떨림, 무서웠다. 인간이 작아지고, 신에 대한 경외심을 갖기도 했다.

우리는 지진의 실체를 들여다보아야 한다. 지진이 일어나는 순간, 건물이 흔들리고 땅이 움직인다. 지하 깊은 곳에는 암석이 있다. 그런데 그 암석이 지각변동을 일으키면? 당연히 힘을 받아 순간적으로 휘어지게 된다. 처음에는 상당히 버틸 수 있을 것이지만 결국 힘에 밀려 파괴될 것이다. 이러한 지진을 우리는 단층지진이라고 부른다.

지진은 여러 가지 원인에 의해 발생한다. 지구의 표면은 여러 가지 조각으로 연결되어 있다. 표면이 하나로 붙어 있는 것이 아니다. 마치 인간의 두개골이 전두엽과 후두엽, 측두엽 이런 식으로 나누어진 것처럼, 영역대로 나누어져 여러 개의 조각처럼 맨틀 위에 떠 있는 상태이다. 이러한 조각들이 맨틀이 움직임에 따라 움직이면서 서로 갈라지기도 하고 부딪치기도 하는 것이다.

아주 느리게 이러한 움직임이 일어나고 있다. 맨틀은 일종의 고체이며, 하층부위는 높은 온도로 뜨겁다. 그래서 열로 덥혀져서 대류가 일어난다. 맨틀의 움직임에 따라서 땅의 껍질은 움직인다. 그러다가 갈라지고 겹쳐지며 반응을 일으킨다. 일종의 줄다리기에서 힘겨루기 하듯 그렇게 싸움이 일어나고, 이런 현상 때문에 지각이 엄청난 반응을 보이는 것, 바로 이것이 지진이다.

지각의 두께가 얇은 부위에서 이러한 일이 자주 발생한다. 비교적 두께가 얇다고 하는 해양 지각 부위에서 일어난다. 지각이 갈라지는 쪽에서는 맨틀 물질이 용암의 형태로 분출하여 이것이 그대로 굳어지게 되는데, 바로 이러한 부분에서 지진이 자주 발생한다. 지각이 맨틀 속으로 겹쳐서 들어가는 데서 역시 마찰이 일어나는데 이 부분에서는 더 큰 지진이 일어난다.

이러한 일이 일어나게 하는 판을 지진대라고 부른다. 전 세계의 지진이 발생하는 모습을 펼쳐 보이면 판으로 보인다. 태평양판, 유라시아판 등등 이런 판들이 서로 밀치고 밀려서 지진이 발생하는 것이다. 일본열도에서 지진이 특히 자주 발생하는데 바로 태평양판과 유라시아판이 자주 부딪치기 때문이다.

지진은 아주 빠르게 전파된다. 우리가 강물에 돌멩이 하나를 던질 때 파문이 동그랗게 퍼져가는 것처럼 그렇게 힘이 전달된다. 물결이 사방으로 원을 그리며 퍼지는 것처럼 말이다.

지진파는 크게 횡파와 종파로 나눈다. 이것은 물질의 입자운동방향이 지진파의 진행 방향과 어떤 관계를 가지는가에 따라서 분류된다. 지진파의 진행 방향과 평행으로 진동하는 것을 종파라 한다. 그래서 종파는 매우 빨리 진행된다. 반면, 지진파의 진행 방향과 입자운동방향이 수직을 이루는 것을 횡파라 하는데 이는 종파보다 속도가 느리다. 또한 지층의 깊이나 지진이 일어나는 곳의 상태(고체, 액체, 기체)에 따라서도 속도가 다르게 나타난다. 지진파가 도달하지 않는 지역도 있다.

지진파의 속도를 통해 진앙까지의 거리가 얼마인가 계산할 수 있다고 한다. 관측지점과 진원 사이의 거리를 알면 진원의 위치를 대략 파악할 수 있다. 흔히 진앙지가 어디라고 하는 뉴스를 우리는 실제로 많이 접했을 것이다. 종파가 도달한 이후 횡파가 도달한 시간을 통해서 어디에서 처음 지진이 발생하게 되었는가 공식화하여 계산해낼 수 있다.

그렇다면 지진을 미리 예측하기 위한 전조현상들은 없는가? 당연히 있다. 수백 년 동안 동물들의 움직임을 보고 예측하는 경우가 많았다. 벌레들의 움직임이나 하늘에 있는 별들의 위치를 보고도 예측했다고 한다. 큰 지진이 일어나기 전에 작은 지진이 무수히 일어난 것도 알아냈다. 그리고 큰 지진이 일어나기 전에는 앞서 언급한 종파와 횡파의 속도비가 큰 차이를 보이는 것으로 알려져 있다. 어떻든 우리는 다양한 방식으로 지진의 예후를 느꼈다면 철저히 대처해야 한다.

도시에서 지진이 크게 발생하면 엄청난 재앙이 뒤따른다. 펑 하는 가스 폭발, 고층건물들의 붕괴, 화산의 폭발, 도로의 붕괴 등 그 피해는 이루 헤아리기 어렵다. 이웃나라 일본에서 최근 발생한 지진을 생각하면 등골이 오싹해진다. 그런 지진이 우리에게는 발생하지 말란 법은 없다. 철저히 준비한 일본도 피해가 엄청나지 않았는가. 이제부터 우리도 철저히 지진에 대비해야 한다.

지진은 여러 가지 원인에 의해 발생한다. 지구의 표면은 여러 가지 조각으로 연결되어 있다. 이러한 조각들이 맨틀이 움직임에 따라 움직이면서 서로 갈라지기도 하고 부딪치기도 하는 것이다.

제4장

날씨마케팅 시대의 생활화

재미있는 날씨와 생활

우리는 오랜 역사를 짊어지고 살아온 민족이다. 선조들의 생활 속에는 항상 철학이 깃들어 있었다. 그들이 무심결에 한마디 내뱉은 말씀 속에도 항상 인생이 담겨 있다. 선조들의 생활 가운데 날씨나 자연현상 등에 관련한 말들이 많이 있다. 예전에는 별로 생각 없이 들었던 말도 자세히 들여다보면 깊은 의미가 담겨 있다. 어쩌면 이들의 말씀 속에 과학보다 더 진실한 것이 담겨져 있을지도 모른다. 불확실한 시대가 깊어질수록 선조들의 말씀이 더욱 아련히 되살아난다.

나는 아침에 잠에서 깨어 어른들로부터 이런 말을 들었던 기억이 있다. "아침부터 노을이 드는 것을 보니 비가 오려나 보다." 같은 노을이라도 아침에 드는 노을과 저녁에 드는 노을이 다르다. 저녁에 노을이 들면 다음 날 비가 오는 것이 아니라 맑을 징조를 보여주고 있는 것이다.

구름도 어른들의 입에 많이 오르내리는 대상이다. 구름이 서쪽으로 흐르는가 동쪽으로 흐르는가, 이것에 따라서 비가 올 것인가 맑을 것인가가 결정되는 것이다. 그렇다면 결과는? 구름이 서쪽으로 흐르면 비가 오고, 동쪽으로 흐르면 맑다는 사실. 물론 이런 어른들의 말이 얼마나 정확한 것인지는 모른다. 그러나 분명 당시에 이런 말들은 속설이 아니라 사람들에게 상당히 신뢰를 주는 말이었다.

우리는 무지개를 요즘에도 종종 목격할 수 있는데 무지개에 관한 날씨 상식을 생각하지 않을 수 없다. 무지개가 아침에 비치면 비가 오고, 무지개가 저녁에 비치면 날씨가 맑다. 어르신들의 말씀은 크게 빗나간 적이 없다. 그래서 상식적인 차원에서 자연현상을 통해 날씨를 재미있게 들여다보려고 한다.

밤에 이슬이 유난히 많이 맺힌 날은 다음 날 날씨가 굉장히 맑았다고 한다. 과학이나 다름없는 이런 사실은 현재에도 유용하다. 아무리 대기오염 등이 심각하다 해도 이런 날씨현상의 기본적인 틀이 망가질 정도는 아니니까 말이다. 말이 큰 소리로 울면 날씨가 맑다는 말도 있다. 아침에 안개가 자욱하게 낀 날은 날씨가 덥다. 달무리가 생기거나 햇무리가 생기면 비가 온다는 징조이다. 우리는 이런 현상을 보며 그날 날씨가 어떠할 것인가를 어렵지 않게 예측할 수 있다. 이상하게 먼 산이 뚜렷이 보이면 비가 오고, 먼 곳의 종소리나 차 소리가 똑똑히 들리는 날에는 비가 내린다는 말도 있다.

우리가 자주 듣던 말 가운데 청개구리에 관한 날씨 상식도 있다. 청개구리가 유난히 와글대며 울면 비가 온다고 한다. 시골에서 살아본 경험이 있는 필자에게 이런 것들은 전혀 이상할 것이 없는 당연한 현상이다. 개미가 떼거지로 움직이는 것을 보면 사람들은 무슨 생각을 할까? 뭔가 환경의 변화가 닥쳐온다는 예시로, 개미들이 분주히 이사할 때는 당연히 비가 온다는 것을 알 수 있다. 개미는 인간보다 후각 등이 발달해 있어서 우리보다 훨씬 먼저 닥칠 일들을 알아차릴 수 있기 때문이다.

제비가 지면을 낮게 날면 비가 온다. 물고기가 수면 위로 튀어 오르면 비가 온다. 지렁이가 땅속에서 고개를 쳐들고 나오면 비가 온다. 날개미가 많으면 비가 오고, 하루살이가 유난히 많이 날아들어도 비가 온다. 심한 서리가 내리면 며칠 뒤에 비가 내린다. 이렇듯 비에 관련한 자연의 모습은 매우 다양하다.

조수에 물보라가 많이 일어났다면 이것은 비바람의 징조이다. 우리는 이런 것들을 공연히 이렇게 단정 짓는 것이 아니다. 오랜 경험으로 체득했기 때문이다. 잠자리가 많이 날아다니면 폭풍이 불고, 남동풍이 강하게 불 때도 폭풍우가 분다. 구름의 가장자리가 춤을 추면 어떠한가? 바로 돌풍, 즉 회오리바람이 몰아친다. 겨울에는 반대로 서풍이 세게 부는 경우가 많이 있는데, 이런 날은 눈이 올 가능성이 크다.

우리 조상들은 우리 생활과 관련한 작은 현상 하나라도 가볍게 넘기지 않고 과학적인 상식을 엮어냈다. 우리 선조들이 우리에게 좋은 정보를 제공해주었듯이, 지금 우리는 이 시대에 알맞은 다양한 현상을 통해 21세기에 맞는 상식을 만들어내야 할 때가 되었다.

제비가 지면을 낮게 날면 비가 온다. 물고기가 수면 위로 튀어 오르면 비가 온다. 지렁이가 땅속에서 고개를 쳐들고 나오면 비가 온다. 날개미가 많으면 비가 오고, 하루살이가 유난히 많이 날아들어도 비가 온다.

생활밀착형 기상예보

우리는 엄청난 정보를 접하고 산다. 우리가 살아가는 데 또한 엄청난 정보가 필요하다. 특히 정보를 제공하는 매체가 크게 늘어났다. 정보기술의 발달에 따른 정보와 지식을 공유할 수 있는 기회가 훨씬 많아진 셈이다. 특히 날씨와 관련한 정보는 우리에게 무엇보다 필요한데, 생활 속에서 반드시 알아야 하는 정보이기 때문이다. 그래서 날씨는 곧 생활이라 말할 수 있는 것이다.

최근까지 우리의 예보는 거의 진부한 방식, 즉 판박이 날씨정보였다고 생각한다. 예전에는 기상도를 지도 위에 직접 그려가면서 예보를 했다. 대개 숫자로 보여준 예보의 방법은 단편적이었다. 오늘날 우리의 인식은 어떠한가? 날씨와 연결된 것이 너무나도 많다는 사실을 인식하는 것으로부터 모든 것은 시작되어야 한다. 일상생활의 모든 것이 날씨정보와 관계가 있다.

그래서 우리는 생활밀착형 일기예보를 요구하고 있는 것이다. 약속을 할 때도, 여행을 할 때도 날씨정보는 필수적이다. 어떤 계획을 세울 때, 특히 그것이 야외에서 진행되는 것이라면 모든 운명을 날씨에 걸어야 하는 경우도 있다. 옷을 어떻게 입고 나갈 것이며, 우산은 가방에 넣어 가야 하는지, 하물며 음식의 선택까지도 날씨와 연관이 있다. 그래서 생활밀착형 예보라는 말이 나온 것이다.

기상캐스터를 통해 제공받은 날씨정보는 시청자들에게 엄청난 영향을 끼친다. 날씨가 사람들의 생활을 거의 통제하고 있다고 해도 틀린 말은 아니다. 일기예보가 일상생활에서 차지하는 비중은 매우 크다. 뉴스에서 날씨정보가 차지하는 비중도 마찬가지다.

우리 기상뉴스의 시스템은 영국이나 오스트레일리아 등지에서 사용하고 있는 시스템이라고 한다. 선진국들이 방송에서 사용하는 기상영상시스템 '메트라(metra)'를 이용해서 기상예보를 한다. 우리가 매우 리얼하게 실시간 예보를 접할 수 있는 것은 이 메트라 시스템 때문이라고 한다. 컴퓨터그래픽이 강점인 것이 특징이다.

기상예보 시에는 무엇보다 정확한 분석이 관건이며, 이를 분석하여 쉽게 전달할 수 있어야 한다. 또 실제 생활에 도움이 되어야 한다. 도움이 되지 못한다면 기상예보는 의미나 가치가 없지 않겠는가? 단순히 시스템을 통해서 정확한 정보를 끄집어냈다 하더라도 이를 시청자에게 잘 전달할 사람을 만들지 못했다면 바람직한 일이 아니다. 그래서 깊이 있게 전할 전문가를 양성하는 일도 필수적으로 요구된다. 시청자들과 대화하듯 정보를 전해줄 수 있는 전문가가 필요하다.

요즘에는 단순히 공중파뿐만 아니라 민간업체들도 많이 등장하고 있다. 좀 더 전문적인 분야에서 효과적으로 기상을 전달하는 것이다.

여름철 자연재해의 피해가 많이 늘어나는 때를 대비하여 정확한 일기예보가 필요할 것이며, 어떻게 기상예보를 전달하느냐에 따라서 피해의 규모도 달라지게 마련이다.

단순히 기상청에서 태풍이 닥치며 어떤 경로를 통해서 다가올 것이라는 정보를 제공한다 하더라도, 캐스터가 이와 관련한 다양한 분야의 기상학적인 이해가 바탕에 깔려 있지 않으면 그저 기계적으로 정보를 제공할 수밖에 없다. 좀 더 전문적인 준비가 되어 있는 사람이라면 태풍의 진로나 강도, 태풍이 미치는 정도, 태풍의 성격 등 다양한 정보를 보다 쉽게 전달할 수 있을 것이다.

생활밀착형 기상예보를 전달할 수 있어야 한다. 지금은 글로벌 시대이기 때문에 세계의 날씨까지도 우리의 인식 속에 들어와 있어야 한다. 생활권이 빨라지고 넓어짐에 따라 이제 우리의 기상만이 중요한 것이 아니라, 세계와 주변국의 기상까지 중요한 시대가 되었다. 인터넷에서는 실시간 기상을 알려준다.

날씨와 생활정보는 완벽한 연결고리를 형성한다. 날씨는 인간의 생활과 가장 밀접한 관계를 지니므로 다양한 영역에서 날씨가 미칠 영향을 예측하여 보도해야 한다. 최첨단을 자랑하는 정보기술을 지닌 우리에게, 더는 예보가 정확하지 못하고 실시간적이지 못해서 겪는 피해는 없어야 한다. 절대 이런 일이 일어나서는 안 된다는 것이다. 그리고 인간의 생활에 날씨가 어떻게 영향을 미치고, 어떻게 대비해 야 하는지를 끊임없이 잘 파악해야 할 것이다.

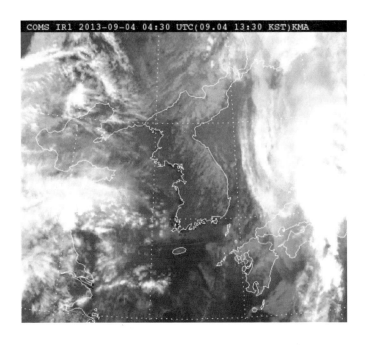

날씨와 생활정보는 완벽한 연결고리를 형성한다. 날씨는 인간의 생활과 가 장 밀접한 관계를 지니므로 다양한 영역에서 날씨가 미칠 영향을 예측하여 보도해야 한다.

날씨와 건강

날씨는 마치 마술을 부리는 마술사 같다. 변덕이 심하다는 말이 아니라 놀랍다는 말이다. 날씨를 통해 건강에 대한 예측도 해볼 수 있다. 우리는 어른들이 날씨와 건강을 연관시켜 말하는 것을 은연중에 들어왔다. "아이고, 온몸이 쑤시는 걸 보니 비가 오려나?", "기온차가 이렇게 심하다니 고혈압 환자는 조심해야지." 등등. 그래서 어떤 사람들은 기상예보가 의료 서비스 분야에도 이루어져야 한다고 주장하기도 한다.

맞는 말이다. 우리의 예보 환경 역시 이런 추세로 전개될 것으로 전망하고 있다. 저렴한 비용으로 소비자들에게 건강을 위한 날씨정보를 제공하는 이른바 맞춤형 날씨예보이다. 뇌졸중이나 고혈압 환자, 천식 환자, 관절염 환자, 하물며 조깅을 즐기는 현대인들에 이르기까지 이런 서비스의 확대를 필요로 하는 집단이 크게 늘어날 것으로 예측되고 있다.

여름이나 가을철을 대상으로 뇌졸중 환자 통계를 분석해보니 분명한 차이를 보였다고 한다. 가을철에 뇌졸중으로 쓰러진 환자가 여름철에 쓰러진 환자보다 훨씬 많다는 것이다. 이는 분명 날씨와 연관이 깊다고 예상할 수 있다. 가을에는 집 안과 집 밖의 기온차가 크다. 그래서 따뜻한 집 안에 있다가 차가운 밖에 나올 때 혈관 등이 크게 수축하여 쓰러지는 경우가 있다는 것이다. 추운 날씨나 더운 날씨가 사람의 건강에 영향을 미친다는 것은 당연한 사실이다. 더운 날씨와 추운 날씨는 분명히 심장병 환자에게 다른 영향을 미칠 것이다.

인체의 건강과 기상에 관한 관계를 '생체기상학' 이라는 말로 표현하는 사람들이 늘고 있다. 이들의 감각이야말로 매우 예민하며 정확한 촉수라는 생각이 든다. 아침 운동이나 야외 운동을 하는 사람들 중에 마스크를 쓰고 운동하는 사람들이 많다. 이런 모습 역시 날씨와 건강의 밀접한 관계를 반영하는 척도라는 생각이 든다. 천식 환자들은 특히 마스크를 많이 사용한다. 천식은 갑작스럽게 기온이 낮아져서 발생하는 경우가 많은데, 기온차에 의해 기도가 좁아져서 호흡하기에 곤란을 느끼게 되는 것이다. 천식이 발작하면 간혹 목숨마저 위태로워지는 수가 많다. 그래서 날씨가 싸늘한 상황에서 아침 운동을 하거나 야외 운동을 하는 천식 환자들은 주의를 기울여야 한다.

가을철에 자주 발생하는 안개 역시 이들을 위협하고 있다. 대기오염이 요즘에는 심각하지 않은가. 차량에서 뿜어져 나오는 매연, 미세먼지, 유기화합물 등은 안개의 작은 미립자에 붙어서 천식에 치명적인 영향을 끼친다. 그래서 마스크를 사용하면 이런 악영향에 적게 노출된다는 말이다.

중국 스모그

우리 어머니나 아버지들의 탄식을 우리는 많이 접하고 살았다. 다리가 쑤시느니 어깨가 결리느니 하는 말들, 이런 탄식 역시 날씨와 밀접한 관계가 있다. 오래전에 다친 다리가 쑤신다면 역시 날씨에 어떤 변화가 올 조짐이다. 후유증에 의한 고통을 호소할 때는 온도나 습도 등에 예리한 혹은 민감한 변화가 생기는 것이다. 이처럼 날씨와 건강은 밀접한 관계를 가지고 있으므로 이제 우리는 이런 의료 환경까지 대비하는 지혜를 가져야 하겠다.

비행기를 타고 여행을 가려고 할 때 고령자나 노약자들은 자신의 건강을 생각하지 않을 수가 없을 것이다. 우리는 이제 생활 속에서 당연히 건강과 기후의 관계를 연관 지어 생각하는 시대에 살고 있다. 관절이 부어오르는 모습, 피부가 어느 순간 충혈되는 모습, 비가 올 때와 건조할 때에 관절염 환자들이 느끼는 심리적 차이, 습도의 정도와 이들이 느끼는 미묘한 감정 등이 이제 전문적으로 고려되고 관리되어야 한다.

머리를 감고 찬바람을 쐬면 거짓말처럼 감기에 걸리고 만다. 마치 약속한 것처럼 그렇게 감기에 걸리는 것이다. 건강한 사람이나 약한 사람이나 추운 날씨에 갑작스럽게 노출되면 감기에 걸린다. 보통 여름 날씨에서 가을 날씨로 갑작스럽게 추워질 때 감기 환자가 많이 발생한다.

추위는 저항력과 관계가 깊다. 추우면 저항력이 약해진다고 한다. 그래서 똑같이 머리를 감고 밖에 나왔다 하더라도 여름에는 괜찮은데 찬바람이 불 때는 감기에 걸리고 만다. 반면, 추운 지방에서 항상 생활하는 사람들은 감기에 쉽게 걸리지 않는다고 한다. 왜냐하면 몸 안에 면역력이 형성되어 있기 때문이다. 한 보고서에 의하면 평균 온도가 10도 정도 차이가 나는 지역의 사람 간에 5년의 수명 차이가 있다고 한다. 날씨와 인간의 수명이 이처럼 연관되어 있는 것이다.

이런 것을 볼 때 우리는 이제 날씨를 통해 건강 상태를 예측하고,

날씨 예보를 통한 건강관리 서비스를 확장해나가는 변화를 모색해야 할 것이다.

날씨와 건강은 밀접한 관계를 가지고 있으므로 우리는 이제 날씨를 통해 건강 상태를 예측하고, 날씨 예보를 통한 건강관리 서비스를 확장해나가는 변화를 모색해야 할 것이다.

날씨 마케팅 시대

이제 세상이 많이 달라졌다. 마케팅을 할 때 날씨 및 기상예보와 관련하여 마케팅을 하는 시대에 도래했다. 날씨는 일상생활에 엄청난 영향을 미치기 때문에 소비자의 패턴을 정확히 이해하고, 날씨 등의 환경을 파악하여 공략해야 한다. 상품이든 행사든 어떤 것이든 날씨가 좌우하는 비중은 매우 크다. 그래서 날씨에 대한 정보를 정확히 파악하면 어떻게 소비자나 고객의 심리에 다가갈 수 있을 것인지 전략을 세울 수 있다. 날씨로 돈을 버는 시대가 되었다는 말이다.

요즘에는 유통업의 비중이 크게 늘어났다. 이는 교통량의 확대, 발전과 크게 무관하지 않다. 또한 다양한 영역의 상품에 있어서 거래를 요구하게 되었던 것과도 무관하지 않다. 시장의 경기는 날씨의 상황에 따라서 그 모습을 크게 달리하게 되었으며, 날씨가 어떠한가에 따라 수요자들의 구매욕구 등도 달라진 것이다.

미국에서는 날씨를 예측해서 투자할 수 있는 날씨 파생상품이 많이 등장했다고 한다. 날씨에 따라 그 수요와 공급이 크게 달라지는 상품은 매우 많다. 우리가 일상생활 속에서 자주 접하는 아이스크림은 물론 음료수, 농수산식품 등 다양하다. 겨울의 날씨가 따뜻할 것인가 추울 것인가, 여름의 날씨는 어느 정도인가에 따라서 난방 관련 산업과 식품업계의 변화도 일어나는 것이다.

만약 올 겨울 기온이 예년에 비해 덜 추울 거라는 예보를 확보했다면 거기에 대비하여 난방기구를 적게 생산할 것이며, 대리점 등에서도 난방기구를 많이 확보해놓을 필요가 없을 것이다. 적정하게 준비해놓으면 되는 것이다. 반대로 혹독한 한파가 몰아닥칠 예보를 접했다면 우리는 분명히 난방관련 기구들을 많이 필요로 하고, 대리점 업계는 이와 관련한 제품들을 많이 확보해놓아야 할 것이다. 날씨가 예년에 비해 춥지 않을 것이며, 눈도 내리지 않을 것이라는 일기예보를 접했는데 난방기를 대량으로 확보할 필요가 없으며, 스케이트 등을 대량으로 확보할 필요는 없는 것이다. 물론 요즘에는 실내 스케이트장이 있고, 스키장에서도 눈을 뿌려 큰 차이는 없지만 그래도 사람들의 소비패턴이 이런 기후예보와 무관하지는 않다.

이미 앞서나간 선진국들은 상품에 있어서도 이런 예보를 활용했다고 한다. 우리도 이제 대책을 세우지 않으면 다른 선진국들에 밀리게 되는 것은 당연하다. 기업체와 날씨 기상업체가 긴밀한 협조를 통해

전략을 세울 수도 있다.

날씨가 대체 얼마나 영향을 미치기에 이렇게까지 한단 말인가? 이런 의문을 던지는 사람들도 많이 있을 것이다. 그러나 기온 1도가 올라감에 따라서 맥주량이나 빙과류의 판매량이 크게 달라진다고 하면 상황은 달라지지 않겠는가? 기온이 1도 높아지면 여름철 맥주의 소비량이 10% 정도 증가한다는 말이 있다. 만약 여름철에 보통 때보다 기온이 1도 낮아진다고 했을 때 음료나 맥주의 소비량은 20% 정도 줄어든다고 한다. 날씨가 소비에 미치는 영향이 큰 것을 알 수 있다.

그래서 이제 사업에 성공하기 위해서는 특히 날씨에 관심을 기울일 필요가 있다. 어떤 사업이든 날씨와 관계되지 않은 것을 없을 것이다. 먹는 것에서부터 가전제품, 문화상품 등에 이르기까지 거의 모든 분야가 날씨와 긴밀한 관련이 있다. 날씨가 예상과 다를 경우 막대한 손실을 입지 않겠는가? 때문에 정확한 날씨정보를 제공하는 것은 무엇보다 중요하다. 그래서 맞춤형 날씨를 예보하고 아주 세밀한 지역적 날씨까지 정보를 제공할 필요가 있다.

날씨 마케팅은 반드시 대기업에서만 필요한 것이 아니다. 작은 가게에서도 날씨 마케팅을 정확히 하면 소득을 올리는 데 효과적으로 작용할 수가 있다.

빵의 소비행태와 날씨의 관계, 날씨와 식당 고객들의 관계를 생각해볼 필요가 있다. 가령 비가 올 때 손님들은 어떤 음식을 주로 찾는가? 눈이 내릴 때 곰탕집으로 향하는 손님은 어느 정도 되는가? 어머니 도시락 배달은 비가 올 때 늘어나는가 줄어드는가? 이런 분석들이 필요하다. 그래서 여기에 맞춰서 준비해야 하는 시대가 된 것이다. 자신이 종사하는 분야는 과연 날씨와 얼마나 관련이 있으며, 날씨가 소비의 행태에 미치는 영향은 어느 정도인지 등의 구체적인 검토가 필요하다.

날씨, 제대로 알면 돈을 벌 수 있다. 마케팅은 이제 새로운 방향에서 시작해야 한다. 갈수록 날씨 관련 기업들은 늘어날 것이다. 맞춤형 날씨예보를 통해서 개인이나 민간, 기업 등에 활용할 수 있어야 한다. 민간 기상업자들의 수도 지금보다 크게 늘어나야 이런 시장이 활성화될 수 있을 것이다.

Tip

날씨, 제대로 알면 돈을 벌 수 있다. 자신이 종사하는 분야는 과연 날씨와 얼마나 관련이 있으며, 날씨가 소비의 행태에 미치는 영향은 어느 정도인지 등의 구체적인 검토가 필요하다.

풍수해 보험

최근 들어서 아무리 강조해도 지나치지 않은 말이 있다. 바로 풍수해 보험이다. 어떻게 보면 매우 생소한 보험이라 생각할지도 모른다. 우리는 누가 보험에 가입하라고 하면 먼저 마음의 문을 찰칵 닫아버린다. 필자도 마찬가지다. 지인의 아내가 보험설계사를 하는데, 만나자고 하면 겁부터 난다. 혹시 나한테 영업을 하려는 것은 아닌가? 이렇게 말이다. 그런데 정말 보험 가운데서도 고마운 보험이 풍수해 보험이다.

기상이변이 잦은 지금의 환경에 비춰볼 때 풍수해에 관한 보험은 가입 자체가 행운이다. 크게 보편화되지 않은 상황에서 지금 이런 보험에 가입해두면 큰 도움이 될 것이라고 필자는 생각한다. 일전에도 느닷없는 우박이 쏟아져서 날벼락을 경험한 농부들이 많았다. 오뉴

월에 갑작스럽게 닥치는 우박, 하늘을 원망할 일만은 아니다. 그래도 소용이 없다. 누가 보상해줄 것인가? 아무도 보상해주지 않는다.

태풍이 몰아친다. 홍수가 닥쳐온다. 강풍이 휩쓸고 간다. 폭설이 길을 막는다. 우리는 어떻게 살아가야 할까? 생각하면 아찔한 순간이 벌어질 것만 같은 불안감이 밀려든다. 풍수해 보험은 바로 이런 시점에 권장할 수 있다.

이제 자연재해는 남의 나라 얘기가 아니라 우리의 곁에서 일어나는 일상이 되었다. 어느 계절을 막론하고 우리는 자연재해에 노출되어 있으며, 이런 환경에 터를 잡고 사는 우리에게 직접적인 피해가 끼칠 것이다.

내가 사는 주택, 아파트, 작업장, 사업장, 근무지 등 자연재해는 장소를 가리지 않고 닥칠 수 있다. 그래서 이런 재해로 인한 피해에 대비하기 위해 보험을 들어야 하는 것이다. 이 보험의 혜택은 국민이라면 당연히 받아야 하는데, 몰라서 혜택을 놓치게 되는 것일 수도 있다. 풍수해 보험은 정부에서 보험료의 절반 이상을 지원해주는 정말 좋은 보험이며, 이런 보험을 통해서 자기 가족의 소중한 재산과 생명을 지킬 수 있는 것이다.

태풍, 홍수, 호우, 해일, 강풍, 풍랑, 대설 등등 이루 말할 수 없는 재해가 대기하고 있다. 끈을 놓치기만 하면 덮치는 피해, 이런 급박함 속에서 그래도 우리가 위안을 가질 수 있는 것은 보험에 가입해두는 일이 아닐까 생각한다. 특히 농촌 지역 주민들에게 필수적이다. 얼마

전에 골프공만한 크기의 우박으로 인해 농작물 피해가 막대했는데, 안타깝게도 많은 농민이 이런 보험에 가입하지 않은 상태였다. 온실, 즉 비닐하우스 피해가 너무나도 컸다는 말을 들었다. 정말 안타까운 일이 아닐 수 없다.

풍수해 보험은 반드시 가입해야 한다. 한순간에 집을 잃고 재산을 잃고 나자빠지는 경우를 대비해서 말이다. 실질적인 복구비를 지원해주기 때문이다. 복구비의 일부로서 재난지원금도 있고, 복구비의 최고 90%까지 지원해준다. 기초생활수급자는 90%대까지 정부에서 지원하며, 차상위 계층 역시 80%대까지 정부가 지원해준다.

풍수해 보험은 전국 어느 지역에서나 혜택을 받을 수 있다. 어촌, 산촌, 농촌, 도시 등 가입을 하기 위해서 시나 군 및 구청 재난관리부서에 가면 친절하게 상담을 받을 수 있다. 읍, 면, 동사무소에서도 가능하며 동부화재, 현대해상, 삼성화재, LIG 손해보험 등에서도 가입이 가능하다. 이제 이런 보험은 보편화되었다. 아직은 조금 생소할지 몰라도 조만간 이 보험은 대세가 될 것이다.

갈수록 이런 기상이변의 정도가 심각해질 거라고 한다. 집중호우가 쏟아져서 주택이 망가졌다면 평소에는 재난지원금 900만 원에 그치지만, 풍수해 보험에 가입한 가정이라면 9,000만 원의 보험금을 지급받을 수 있다. 단독주택이든 공동주택이든 상관없다. 동산, 즉 주택 내에서 이동이 가능한 생활필수품 등에도 가능하다. 지방자치단체와 함께 가입하면 더욱 저렴하게 가입할 수 있다. 주민부담보험료의 10%도 할인받을 수 있다.

강풍이나 폭설로 온실이 무너지는 경우는 다반사가 되었다. 제주도에서조차 강풍과 폭설로 온실이 주저앉은 사례가 있다. 이런 경우에도 가입을 해두면 보험금 약 9,840만 원까지 지원받을 수 있다. 농업용 온실뿐만 아니라 임업용 온실에도 똑같이 적용된다. 온실의 비중이 매우 높은 우리의 농촌 현실을 놓고 볼 때 정말 실속 있는 보험이 풍수해 보험이다. 여유가 없다 하더라도 이런 사태에 대비해서 상품에 가입하는 것을 권장한다.

소방방재청 풍수해 보험 광고

보험금의 지급 또한 매우 신속하다. 복구비가 없어서 피해복구가 지연되는 경우는 없을 것으로 생각된다. 집이 여러 채인 경우에도 각각 해당한다. 지속적으로 보험을 유지하면 보험료 할인 혜택까지 준다고 하니 금상첨화다. 세입자 등도 이 보험의 혜택을 받을 수가 있다. 국민 누구나 누릴 수 있는 풍수해 보험 가입, 이제 모든 가정이 실천할 때가 되었다.

풍수해 보험은 반드시 가입해야 한다. 실질적인 복구비를 지원해주기 때문이다. 복구비의 일부로서 재난지원금도 있고, 복구비의 최고 90%까지 지원해준다.

추운 날씨의 약 복용

  필자는 일상생활과 날씨에 관해 매우 큰 관심을 가져왔다. 민간 기상회사를 운영하기에 이런 관심은 당연한 것이라고 생각한다. 어떻든 기상이 인간에게 이로움을 주기 위한 것이라면, 한발 더 나가 이런 분야까지 접근하는 것이 도리라고 생각하기 때문이다.

  날씨와 관련하여 우리의 실제 생활과 관계된 분야는 수없이 많을 것이다. 날씨는 인간의 생활과 연관이 있기 때문이다. 그 가운데서도 우리에게 엄청난 영향을 미치는 약의 복용은 어떠한가?

  현대인들은 많은 종류의 약물을 복용한다. 약도 복용하고, 건강식품도 복용하고, 부품을 몸에 부착하는 일도 많다. 그래서 약이 우리의 건강에 미치는 영향은 갈수록 커지고 있다. 날씨와 관련해서 약을 복용하는 우리의 행동을 생각해보는 것은 당연하다. 날씨에 따라서 인간의 건강은 크게 달라지기 때문이다.

추운 지방에 사는 사람과 따뜻한 지방에 사는 사람의 수명이나 이들이 걸리는 질병 등은 분명히 차이가 있을 터이다. 세계적인 휴양지들은 춥지도 않고 덥지도 않은 시원한 지방이다. 날씨가 인간의 질병이나 건강에 미치는 영향이 이루 말할 수 없이 크다는 증거라고도 볼 수 있다.

지금으로부터 2500여 년 전에 이미 의학자들은 날씨와 인간의 질병 관계를 연구했다고 한다. 또한 '생체기상학' 이라 해서 날씨가 인간의 건강에 어떻게 영향을 미치고, 이에 따라 어떻게 약물을 복용해야 하는지의 학문이 연구되고 있다.

현대인이 가장 많이 복용하는 약물은 어떤 것일까? 또 현대인이 가장 많이 걸리는 질병은 어떤 것인가? 질병이라 하기에는 너무 가볍고, 또한 대수롭지 않게 넘기기에는 너무 위험할 수도 있는 질병, 바로 감기다. 현대인들은 일 년에 몇 번씩 감기에 걸리는데, 감기에 가장 많이 복용하는 약물은 아마 아스피린일 것이다.

감기뿐만 아니라 다양한 이유로 아스피린을 많이 복용하고 있는 것이 사실이다. 아스피린을 복용하면 우리의 혈관은 확장된다. 혈관을 팽창시키면 체온의 손실이 당연히 커진다. 그래서 날씨가 추울 때 아스피린을 복용하면 체온이 급격히 떨어지는 것이다. 체온이 급작스럽게 떨어질 때 일어날 수 있는 인체의 반응은 여러 가지일 것이다.

술을 마실 때 인체에 나타나는 반응 역시 아스피린을 복용했을 때와 비슷하다고 한다. 겨울에는 그래서 술을 마시는 것도 주의해야 한다. 술을 마시면 일시적으로 혈관이 확장된다. 그래서 혈압이 일시적으로는 내려간다. 하지만 지속적인 음주는 결국 혈관을 손상시켜 혈압 상승의 요인이 되기도 한다.

더운 날 사용하면 체온이 많이 올라가는 약물도 있다. 이런 약물은 담당약사와 상의하여 신중하게 복용할 필요가 있다.

이제 날씨까지 고려한 약물 조제가 필요한 때다. 여름철이든 겨울철이든 감기약이 항상 똑같다는 것은 이런 세세한 부분까지 신경을 쓰지 않는다는 말이다. 약물에 의한 사고는 흔히 일어나며, 이런 사고는 현대인들의 생활이 바빠지고 다양화되면서 더욱 빈번히 발생할 것이다. 영하 15도일 때 조제한 감기약은 다른 때와 똑같아서는 안 된다는 말이다.

기온과 건강은 매우 밀접한 관련이 있다. 그러므로 기상당국과 의약당국의 긴밀한 협조를 통해서 새로운 변화를 유도해야 하고, 그렇게 함으로써 현대인들이 쾌적하고 건강한 생활을 할 수 있도록 해야 한다. 기상에 대한 모든 것이 조금씩 변해야 할 때이다.

Tip

아스피린을 복용하면 우리의 혈관은 확장된다. 혈관을 팽창시키면 체온의 손실이 당연히 커진다. 그래서 날씨가 추울 때 아스피린을 복용하면 체온이 급격히 떨어지게 되는 것이다.

날씨 보험

보험이 존재한다는 것은 엄격한 의미에서 누구나 위험한 사고를 당할 가능성이 있다는 말이다. 그래서 사람들이 지혜를 모아 위험한 시기에 대비하여 보상을 위한 금전적 대비를 하게 된 것이다. 특히 현대인은 많은 위험에 노출되어 있으며, 이에 따라 다양한 보험이 성행하고 있다.

날씨와 관련한 보험은 아직 국내에서 크게 이슈화되지는 않은 상태이나, 선진국에서는 이미 오래전부터 날씨 보험이 있었다. 날씨와 관련하여 우리는 분명히 어떤 위험에 노출되어 있다는 말이다. 날씨와 관련해서 생기는 온갖 종류의 피해, 예상했던 날씨와 달라서 입게 되는 많은 피해를 보험회사에서 보장해주는 시대에 우리는 살고 있다. 우리나라도 이제 날씨와 관련한 보험에 관심을 갖는 기반을 마련하고 있으며, 이미 상당히 진행되고 있다.

어떤 회사가 판촉행사를 벌이는데 거리에서 행사를 한다면 당연히 날씨가 맑아야 한다. 그런데 판촉행사를 주최하는 회사 입장에서 날씨가 예상과는 달리 비가 와서 판촉행사를 망쳤다면 손해는 이루 말할 수 없을 터, 이럴 때에 날씨 관련 보험을 들어두었다면 걱정할 일은 없는 것이다. 판촉행사를 진행한 회사는 보험회사와 특정한 날의 날씨를 걸고 계약을 체결해두었기 때문이다.

요즘 날씨와 관련한 보험은 이처럼 기업의 판촉행사와 많은 관계가 있다고 한다. 이는 임시방편적인 제도나 다름없으며, 체계적인 보험의 관계는 아니다. 행사일에 맞춰서 그 행사에 대한 것만을 보상해주는 단편적인 보험에 지나지 않는다. 그래도 날씨를 대상으로 보험을 들었다는 점에서 많은 변화를 보여주었다. 그리고 앞으로 더욱 많은 행사가 있을 것이며, 날씨가 차지하는 변수 역시 크게 늘어날 것이라는 점에서 보험의 비중이 더욱 커질 것이라고 생각한다.

현재 보험의 성장속도가 매우 빠르다고 한다. 날씨 의존도가 높은 회사는 이런 보험이 필수일 것이다. 야외 이벤트회사, 결혼업체, 놀이공원, 놀이동산, 스포츠, 박람회 등 종류도 다양하다. 어린이대공원 등 야외에서 진행되는 행사는 특히 날씨와 큰 연관이 있다. 비가 와버리면 행사를 완전히 망치게 되는데, 이럴 경우 주최자 입장에서 그 피해를 무시할 수 없을 것이다.

항공회사 등은 날씨 보험이 필수인 업종이다. 강우량이나 강설량, 태풍, 폭염 등 항공 운항의 여부가 다양한 영역에서 결정되기 때문에 이에 따른 여러 가지 위험이 있게 마련이고, 이런 변수를 생각하면 보험을 통해 보장받는 것도 괜찮을 것이다. 항공뿐만 아니라 해운 역시 마찬가지다. 최근에는 천재지변에 의한 농·축산물의 피해까지 보장을 확대하는 방향으로 진행되고 있다.

기업 등은 이런 날씨 관련 보험을 드는 것이 최근의 추세라고 하는데, 이제 개인적으로도 날씨 보험을 충분히 이용할 수 있다. 집안끼리 조촐한 야유회 행사를 추진할 수 있다. 여름철에 날씨를 믿고 장기 여행을 추진할 수도 있고, 겨울철에 스키를 타러 가기 위해서 보험 상품을 준비할 수도 있다. 생각해보면 날씨와 관련한 업체나 개인의 상품은 훨씬 많이 있을 것이다.

앞으로 날씨 관련 보험 상품의 인기가 날로 좋아질 것이다. 사람들이 날씨를 매우 중요한 변수로 인식하기 시작했다. 날씨에 관한 정보를 전문적으로 제공하는 업체도 늘어났고, 이런 업체는 날씨 관련 보험 상품을 매우 중요하게 생각하고 있다. 우리나라는 지금 막 시작하는 단계이지만 이미 선진국에서는 상당히 자리를 잡아가고 있다.

이런 점에서 앞으로는 날씨를 기준으로 이익과 손실을 정확히 예상할 수 있는 근거를 마련해야 한다. 명확한 통계자료의 필요성이 제기되는 것이다. 우리 실정에 맞는 방식으로, 우리의 눈높이에서 날씨 관련 보험 상품을 만들고 제공하는 일이 무엇보다 중요하게 되었다.

이런 체계적인 환경을 만들기 위해서는 많은 노력을 기울여야 한다. 특히 정부나 관련 단체, 관련자들의 관심이 커야 한다. 자리를 잡기 위해서는 민간 기상업자들도 더욱 큰 관심을 갖고 노력해야 하며, 사람들의 인식 또한 크게 달라져야 할 것이다.

앞으로는 날씨를 기준으로 이익과 손실을 정확히 예상할 수 있는 근거를 마련해야 한다. 우리 실정에 맞는 방식으로, 우리의 눈높이에서 날씨 관련 보험 상품을 만들고 제공하는 일이 무엇보다 중요하게 되었다.

제5장

지구환경의 온난화

기후 온난화, 이렇게 대비하자

현대인들이 겪는 재앙의 많은 부분이 온난화에서 비롯된다. 그래서 온난화를 막는 것이 가장 시급하다. 이런 문제를 해결하기 위한 노력이 다양하게 전개되고 있지만, 근원적인 해결책이 아니라는 점에서 문제가 있다. 그래도 하나씩 해결하려는 움직임은 긍정적인 미래를 생각하도록 해준다.

지난해, 한 지방자치단체에서 '기후변화해설사 양성교육'이라는 홍보물을 언론을 통해 게재한 것을 보았다. 30명을 모집해서 교육할 것이라고 하였는데, 맑고 푸른 세상을 만들기 위해서 이 교육을 실시한다는 문구를 함께 넣었다. 교육의 대상은 시민환경단체활동가, 에너지 절약과 환경 관련 활동에 적극적이며 봉사정신이 투철한 자 등이었다. 이 짧은 문구를 통해 '현재 우리 시대의 중요한 이슈가 무엇인가?'에 대한 해답을 보는 느낌이었다.

교육과정은 기후변화의 현황과 전망, 기후변화 대응, 친환경 농업 추진전략, 저탄소 녹색성장 실천법, 생태현장 탐방 등을 주요 내용으로 하고 있었다.

단연 '기후변화해설사'라는 문구가 눈에 띄었다. 이는 현재 우리의 기후환경이 얼마나 심각한 상태인가를 예측할 수 있는 좋은 사례다. '친환경'이라는 부분을 통해 우리가 그동안 너무 자연을 훼손하고 오직 산업과 건설의 발전을 위해 한 방향으로만 매진해왔다는 것을 보여주었다. 자연보다 인간을 우위에 두면서 오직 인간만 잘 먹고 편리하고 잘 살면 된다는 식의 사고가 팽배했던 것을 반영하고 있다. 뒤늦은 감이 있지만 그래도 이렇게나마 준비하고 대책을 마련한다는 사실이 필자에게 위안을 던져주었다.

지난 3월에 제주시에서도 좋은 본보기를 보여주었다. 제주시는 최근 기후온난화나 기후변화 등에 심각성을 느끼고, 이에 대응하기 위해 녹색사업을 벌여 탄소 흡수원 확충이라는 선도적인 역할을 펼쳐 보였다. 지역 주민과 산림조합 직원, 공무원 등이 일체가 되어 환경과 생태, 경관 등의 조화를 이루도록 나무 심기에 나섰던 것이다.

그리고 이어지는 이벤트로 결혼과 출산을 기념한 나무 심기 행사 등을 개최하여 제주에 나무 심기 붐을 일으켰다. 지자체가 솔선수범한 사실에 절로 감동이 느껴졌다. 기후변화는 당연히 자연재해를 가져오고, 도시와 지역을 삭막하게 만든다. 그래서 녹색도시를 구현하기 위해 경제수를 심고, 유실수와 꽃나무 등도 심었다고 한다. 주민들에게 나무를 무상으로 나눠주는 행사는 그간 망가진 자연을 복구하는 데 가장 직접적인 효과가 아닐까 생각한다.

기후변화에 적응하기 위해 생물종의 다양성을 확보하는 방안도 준비되고 있는 것으로 알고 있다. 연구단체, 동호회 등에서 주축이 되어 한국 생물이 어떻게 다양화되고 있는지 관측할 수 있는 네트워크 등을 활성화하고 있는 것이다. 기후변화로 인해 우리나라의 생물종이 어떻게 변화하고 있는가에 대한 파악이 필요하기 때문이다. 이는 가속화되는 온난화로 인하여 사라져가고 변화하는 생물자원을 효과적으로 관리하기 위한 대응책이다.

우리는 자연의 훼손과 환경의 파괴로 인하여 인간이 받을 피해에 대해 사전에 인식할 필요가 있으며, 사회적이고 국가적이며 국제적인 차원에서 네트워크를 통해 정보와 지식을 공유할 수 있어야 한다.

위의 노력들을 통해 작은 성과들이 가시화되고 있다. 생물종의 분포관계를 파악하고, 생물 종류가 어떻게 변화할 것인가를 사전에 예측할 수 있는 것이다. 한반도에 서식하는 생물의 종류를 파악하고, 이를 보전하고 관리하는 자료로 활용할 수 있어야 한다. 그래서 자연이 풍요로워지고 옛날처럼 청결해질 수 있도록 해야 하는 것이다. 이런 노력의 결과, 어떤 식물들에 대해서는 새로운 분포지를 확인할 수 있었고, 맹꽁이라는 양서류는 이상기후로 인한 집중호우가 급증한 관계로 전국적 번식 성공률이 높아졌다는 보고서를 작성할 수 있었다.

이런 네트워크 운동을 세계적으로 벌여서 이제 기후변화는 세계적인 시각에서 접근하는 것이 바람직하다는 것을 인식시켜야 한다. 아시아에서 작게 시작이 되었다는 말을 들었다. 일본에서도 이런 생물의 다양성 관측을 위한 네트워크를 발동했다고 한다. 이제는 일반 국민들도 궁극적으로 실시간 모니터링에 참여할 수 있는 환경을 조성하도록 해야 할 것이다.

우리는 자연의 훼손과 환경의 파괴로 인하여 인간이 받을 피해에 대해 사전에 인식할 필요가 있으며, 사회적이고 국가적이며 국제적인 차원에서 네트워크를 통해 정보와 지식을 공유할 수 있어야 한다.

해수면 상승의 이유

해수면 상승의 주된 요인은 무엇인가? 물이 불어난다는 것은 비가 엄청나게 많이 와서일까? 물론 비가 엄청나게 쏟아져도 물이 불어나니까 해수면 상승에 일정 부분 영향을 미칠 것이다. 하지만 해수면 상승의 직접적 요인은 지구 온난화와 관계가 있다.

지구 온난화는 남극의 빙산을 녹게 만든다. 남극의 빙산이 지구 전체 담수량의 90% 정도를 가두고 있다고 한다. 이러한 빙산이 엄청난 양의 얼음 덩어리를 방출하고 있다. 빙산이 녹아서 생긴 얼음 덩어리이다. 대기온도가 지난 100년 동안 0.5℃ 상승했는데, 이에 따라 빙산이 녹고 해수면의 높이가 올라가게 되었다.

지구상에는 엄청난 양의 온실가스가 만들어지고 있다. 산업이 발전하고 생활이 편리해짐에 따른 역효과가 바로 이런 것이다. 장차 100

년 이전에, 아니 어쩌면 이보다 훨씬 빨리 지구상의 대기온도가 가파르게 올라갈 수 있으며, 이에 따라 해수면이 최대 1m가량 상승할 가능성이 있다는 연구보고가 있다. 해수면의 상승으로 인해 해안의 대부분이 위협을 받게 된다는 말이다. 우리의 경우 서해와 남해가 침수될 우려가 높다고 한다. 가까운 장래에 해안가에 거주하는 주민 약 700만 명이 피해를 입을 것으로 내다보고 있다.

남극 빙하

빙하는 지구 온난화가 계속되는 한 꾸준히 퇴각할 것이다. 따라서 일 년 내내 눈으로 덮인 북반구는 존재하기 어려울 것으로 예측하고 있다. 해빙(解氷)이 늘어나고 해수면은 상승한다. 지역적으로 심한 정도가 다르겠지만, 대개는 전 지구적으로 비슷한 성향이 될 것이다. 어떻든 인간의 무분별한 활동으로 인하여 지구난화가 지속될 것이라는 점에서 근본적인 대책을 세우지 않으면 어려운 상황에 직면할 것이다.

온난화로 인해 대기온도가 올라감에 따라서 바닷물의 열을 상승시킨다. 그리고 육상에 있는 얼음을 광범위하게 융해시켜 바닷물의 수위를 상승시킨다. 해수면 상승으로 육지가 이동할 수도 있다. 1960년대 말 이후 북반구의 얼음 면적이 좁아지기 시작하면서, 해수면 상승이 중요한 이슈가 되었다. 이제 우리도 나름대로 염려해야 하는 시점에 도달했다. 북극에 있는 바다 얼음의 두께도 많이 얇아졌다고 한다.

바닷물의 흐름 속에서 대기의 온도가 변화할 수 있다. 가령 북대서양에서 극지방을 향해 흘러가는 해류는 북서유럽의 온도를 적어도 10℃ 이상 오르게 한다. 일종의 지구 온난화로 인한 교란이 생기는 셈이다. 이런 교란이 해류의 흐름이나 해류의 상태를 변하게 하는 것이다. 중요한 것은 해수면의 상승이다. 시간이 갈수록 해수면의 상승은 심화될 것으로 예측하고 있다. 그래서 언젠가 지구의 많은 지역이 물속에 잠겨버리게 되는 것이다.

온난화는 빙하를 녹이는 주범이다. 빙하의 융해는 해수면의 상승으로 연결된다. 도미노처럼 맞물려 끊임없이 해수면이 상승한다. 그래서 계속 대지는 바다에 잠입하게 되는 것이다. 앞으로 1,000년 동안 온난화가 지속된다면 그린랜드의 해수면이 약 3m 상승할 것이라는 보고도 있다. 이 지구에 인간이 살아가기 힘든 미래가 올 수 있음을 예측할 수 있다.

따라서 지금부터 총체적으로 대비하지 않으면 안 된다. 무엇보다 지구 온난화를 막을 수 있는 대비책을 마련해야 한다. 탄소배출권 등을 통제하고, 자연훼손을 방지할 수 있어야 한다. 빠르게 발전하는 산업이 아니라, 느리게 가면서 대기를 생각하고 자연을 생각하는 길이어야 한다. 인간의 활동에서 이런 모든 것이 비롯된다는 점에서, 각별한 대책을 세우지 않으면 먼 미래 우리의 후손에게 비극적인 세상을 물려줄 수도 있다는 것을 명심해야 한다.

Tip

온난화는 빙하를 녹이는 주범이다. 빙하의 융해는 해수면의 상승으로 연결된다. 도미노처럼 맞물려 끊임없이 해수면이 상승한다. 그래서 계속 대지는 바다에 잠입하게 되는 것이다.

제주 해수면 상승

해수면 상승은 진작부터 이슈가 되었던 얘기다. 요즘에는 더욱 자주 이런 얘기가 나오고 있다. 그만큼 심각해졌다는 뜻일 것이다. 지난 뉴스에는 제주도 해수면, 즉 바다의 높이가 세계 평균치의 3배 이상 높아졌다는 보고가 있었다. 정말 놀라운 변화이다. 지금 당장 우리가 긴장하지 않더라도 이는 심각한 변화의 가능성을 담보하고 있기 때문이다.

국립해양조사원에서 지난 40여 년간 우리나라 해수면 높이를 계속 관측해왔는데, 지난 1978년 처음 관측을 시작한 제주항 해수면은 연평균 5.97mm 정도 상승했다고 한다. 세계 평균이 1.8mm인 것을 감안하면 세 배 이상 높아진 셈인데, 서귀포나 거문도 역시 5.3mm에 육박하거나 초월했다.

거기에 비하면 부산항 2.58mm, 추자도 2.11mm, 가덕도 2.25mm 등은 모두 소폭 상승한 것으로 나타났지만, 제주는 그 상승 정도가 매우 높다. 남해안과 동해안 역시 3mm를 초과하고, 동해안은 2mm를 초과하는 것으로 나타났지만, 서해안은 연평균 1.36mm로 세계 평균보다 오히려 낮은 수치를 기록하고 있다.

제주도와 남해안 그리고 동해안의 평균 해수면이 소폭 상승한 것은 기후변화로 인한 것이다. 기후변화로 인해 수온이 상승하면 해수의 부피가 변하기 때문이다. 또한 다른 해류의 영향을 통해서도 해수면이 상승할 수 있다. 해양조사원의 분석에서도 이런 점을 간과하지 않고 있다.

서해안은 왜 동해안이나 제주에 비해 해수면이 많이 상승하지 않았을까? 한 연구원에 따르면 수심이 얕고 해안선이 복잡하며 갯벌 등이 발달되어 있기 때문에, 이런 지형적 영향으로 인해 해수면이 소폭 상승한 것이라고 한다.

그러나 더욱 구체적인 사실을 파악하기 위해서는 지속적인 조사가 병행되어야 하며, 더욱 깊은 연구가 동반되어야 한다는 것이 전문가들의 설명이다. 해수면이 높아진다고 사람들이 생활하는 데 무슨 영향이 있나? 혹자는 이렇게 반문할 것이다. 하지만 우리가 표면적으로는 상승 수치가 낮게 나타나지만, 이런 작은 것들이 인간에게 끼치는 피해는 결코 작다고 할 수가 없는 것이다.

저지대의 범람이 가장 먼저 우려된다. 가뜩이나 우리나라는 땅이 좁은데, 이런 범람에다 습지가 이동하고 해안의 침식까지 일어나면 문제가 크다. 연안의 퇴적 유형에도 변화가 예상되며, 담수층으로 바닷물이 침투할 수도 있다. 그리고 연안을 개발하면서 설계기준에 영향을 줄 수도 있다.

가라앉고 있는 키리바시 공화국

따라서 해수면을 집중 관리할 수 있는 명실상부한 기관이 있어야 한다는 주장도 나오고 있다. 지금 우리나라 가장 남단인 이어도에는 해양과학기지가 있는데, 이런 기지와 제주도, 추자도, 거문도 등을 잇는 지역을 해수면 집중관리 지역으로 설정하여 정밀한 관측을 지속시키고, 다른 연구를 계속 추진해야 한다는 주장 역시 제기되고 있다.

위의 결과를 먼 미래에 빗대어보면 어떠한가? 계속 이런 식으로 가다가는 언젠가는 우리의 소중한 땅이 바다에 잠기고 말 것이라는 추측이 가능하다. 지금 당장, 현재 지구상에 숨 쉬고 있는 모든 생명이 살아 있을 때에는 이런 불행한 일이 일어나지 않을 것이다. 하지만 지금부터 준비하지 않으면 언젠가는 불행한 일이 닥치지 않겠는가?

뒤늦게나마(아니, 어쩌면 지금이 이 문제에 관한 한 가장 빠른 시점인지도 모른다) 해수면 상승의 대비책을 마련하는 것도 후손을 생각한다면 쉽게 넘길 수 없는 일이다. 소중한 지구와 자연을 지키려는 공동의 노력을 기울여야 한다. 해수면 상승은 다만 바닷물이 육지를 잠식해 들어오는 그 부분만을 의미하지 않기 때문이다.

해수면이 높아지면 저지대의 범람이 가장 먼저 우려된다. 가뜩이나 우리나라는 땅이 좁은데, 이런 범람에다 습지가 이동하고 해안의 침식까지 일어나면 문제가 크다. 해수면 상승은 다만 바닷물이 육지를 잠식해 들어오는 그 부분만을 의미하지 않는다.

기후변화 방재산업 갤러리

　이제 세상이 많이 달라지고 있다. 우리의 의식도 어느 정도 달라지고 있는 추세다. 기후변화는 이 시대 환경 문제의 큰 이슈가 아닌가 생각하는데, 이런 상황을 반영하듯, 2013년 5월 중순에 코엑스에서 기후변화에 관한 방재산업전이 열렸다. 필자 역시 박람회에 참여하여 현재 기후변화에 대한 우리 사회의 반응 정도를 몸소 체감하고 돌아왔다. 결과적으로 좋은 경험이었으며, 바람직한 일들이 우리 사회에서 진행되고 있다는 것을 느낄 수가 있었다.

　당시 개최한 박람회를 들여다보면 우리가 어떤 위험에 노출되어 있으며, 이에 어떻게 대처해야 하는지 대략 이해할 수 있을 것으로 생각된다. 전시관을 둘러보고 기상 관련 회사를 경영하는 CEO로서 많은 깨달음을 얻었다. 이 지면을 빌려 당시 전시회를 준비하고 참여한 모든 분에게 감사의 메시지를 전하고자 한다.

기후변화는 최근의 중대한 이슈라고 말했듯이, 기후변화 주제관에는 돌발 상황에 대비해야 하는 품목들이 전시되어 있었다. 산지 돌발 홍수 예측, 예보와 경보, 상황의 전파, 재난영상, 정보공유, 재난관리, 지진재해 대응기술, 기후변화 재해경감 기술 및 정책 등 이런 항목들을 들여다보았을 때 지금 우리에게 어떤 준비가 필요한지 예측할 수 있었다. 눈에 띄는 대목도 있었는데, 특히 외국의 방재기술에 대해 자료를 비치해놓은 것이었다.

국내의 전시관에는 흔히 재난재해의 중심축이라 할 수 있는 분야의 내용들이 전시되어 있었는데, 홍수와 산사태, 지진, 폭설, 기타 등으로 분류해볼 수가 있었다. 홍수의 경우 홍수 예측, 예보와 경보, 우수 저류시설, 하천관리, 재해복구 기술 등으로 나누어서 다양한 브랜드들이 전시되어 있었다.

산사태 역시 기후변화로 인한 중요한 재난임에 틀림없다. 산사태의 계측, 예보와 경보, 산사태 방지 및 비탈면의 보수, 보강기술 등으로 진행되고 있었는데, 기후변화와 밀접한 필자에게도 생소한 분야까지 접근하고 있다는 사실에 매우 흡족했다. 지진 역시 지진해일 관측, 내진이나 면진, 제진기술과 제품 등이 중요한 항목으로 분류되고 있었는데 당장 환경의 변화가 실감이 나는 듯했다.

눈이 엄청나게 쏟아질지도 모르는 불안감에 시달리지 않는 사람은 없을 것이다. 그래서 폭설에 대비한 제품들도 다양하게 선보이고 있었다. 설해 제품, 물품과 장비들, 재해가 일어났을 때의 보험, 친환경

제설제 기술 등을 선보였다. 그밖에도 구호시설, 물품, 장비, 방재컨설팅, 방재 IT 등도 언급되고 있었다.

눈에 띄는 하나는 이벤트관이었다. 강풍이나 호우, 지진을 직접 체험해볼 수 있었고, 기후변화, 홍수, 산사태, 지진해일 등의 다양한 재난영상도 비치하여 지식과 정보를 훌륭하게 제공하고 있었다. 어린이들을 어떻게 안전하게 보호할 수 있을지에 대한 인형극도 보여주었다. 그리고 국제적으로 닥친 자연재해에 대한 사진과 영상들을 가까이에서 직접 접할 수가 있었다.

이 자리는 단순히 무엇을 보여주는 자리가 아니다. 학술발표나 세미나 등을 통해 향후 우리가 어떻게 해야 할 것인지 함께 고민하고 토론하는 시간도 가졌다. 지역적으로 자율방재단을 어떻게 활용할 것인지에 대한 워크숍도 있었다. 동시에 자연재해를 어떤 식으로 약화시킬 수 있을지에 대한 발표회도 열렸다.

풍수해 및 지역안전도 진단 실무자 교육 역시 이루어졌다. 여러 기업이 준비하고 있는 자연재해 등의 대비책도 논의되었다. 매우 유익한 행사였다. 이런 행사들이 지속적으로 열리고, 이를 통해서 실제적으로 크게 도움이 될 수 있기를 바라는 마음이었다. 심폐소생술도 하고, 소방안전체험 프로그램도 실시되었다. 재난 체험 시뮬레이션도 보여주었다. 한마디로 박람회는 만족감이 충분했다. 국내에 이렇게 다양한 기업들이 재난재해를 위해 이처럼 준비하고 있는 모습을 보고 가슴이 뿌듯했다.

특히 눈에 띈 것은 태풍이나 폭설의 피해에 대비한 저감용 온실구조 시스템이었다. 태풍과 강풍에 대비해서 유압실린더를 이용해 온실구조물의 높낮이를 조절하고, 폭염 및 폭설 시 기후변화에 따라 자동으로 지붕을 개폐하고 탈착과 부착이 가능하도록 하는 장치였다. 이런 장치를 현재 시행하고 있는 곳도 있다고 한다. 그밖에도 다양한 종류의 장치들이 선을 보였는데, 한결같이 어떻게 하면 자연재해에 피해를 줄이고 대비할 수 있는 것인지에 대한 진지한 목소리를 들을 수 있는 좋은 자리였다.

2013 기후변화방재산업전 포스터

녹색성장시대를 위하여

    지금 인류는 녹색의 꿈을 꾸고 있다. 일찍이 시작된 녹색의 꿈이지만 크게 활성화되지는 않았다. 인간의 자연훼손 정도가 심각하기 때문에 아무리 녹색시대를 강조해도 크게 좋아지는 기미가 보이지 않는 것이다. 이제 녹색에 대한 수요는 세계적인 추세다. 그래서 혼자 이를 외면할 수는 없다. 큰 흐름인 녹색시대의 창조, 어떤 규약이나 약속이든 우리는 이런 제약을 기꺼이 받아들여야 한다.

    2012년 정부는 녹색성장에 대해 추진계획을 발표한 바 있다. 정부의 정책을 참고하면 지금 우리가 어떤 마음을 가지고 이 일을 추구해야 하는지 알게 된다. 그리고 어떤 상황에 인류가 국면해 있는지도 알수 있다. 정부는 2030년까지 탄소배출량의 25%를 감축할 계획을 가지고 있다고 한다. 그리고 해마다 사라지는 녹지율의 비율을 대폭 늘릴 것으로 보인다.

52.3%의 녹지율을 확보하고, 인구밀집 지역이며 자동차 등으로 오염되고 있는 환경을 위해서 건설이나 교통, 에너지, 주택, 수목에 이르기까지 이산화탄소를 줄이기 위한 기본계획을 수립한 것으로 알고 있다. 그리고 2015년까지는 무려 30조 원의 녹색브랜드 관련 시장을 확대할 생각이라고 한다.

녹색제품을 확대하고 이에 대한 인증품목을 늘리며 녹색 브랜드 매장을 확보하는 방안도 마련하고 있다. 이런 매장에 대해 정부에서 지원하는 방식을 채택하면 분명히 그린 녹색시대를 펼쳐나가는 데 도움이 될 것이다. 환경의 쾌적화를 위해서 공공환경 녹색화를 추진하고, 이에 대한 연구 개발을 위해 프로젝트를 개발할 계획인 것으로 알고 있다.

기후변화에 대응하여 다양한 자원을 재활용하고 순환하여 사용할 수 있는 프로젝트는 이미 대대적으로 진행되고 있다고 한다. 미래를 대비한 환경기술을 확보하는 것도 매우 중요하다.

또한 지금 세계적으로 물이 부족하다. 전문 물기업을 육성하는 것도 국가정책 중의 중요한 이슈다. 물을 산업화하여 전략적으로 육성하며, 4조 원대의 자금을 투자하여 세계적인 물기업을 육성할 계획이라고 한다. 이런 정부의 계획은 이미 인류 전체의 계획을 반영하고 있으며, 그 나라의 국민이 호응하지 않으면 어렵다.

녹색도시를 위해 자발적으로 온실가스를 줄이려는 노력이 각별해야 하며, 기후변화 시범도시 등을 양성하여 모델로 삼을 필요도 있다. 물론 이것은 지자체 등에서 추진하는 사항이지만, 정부와 협조를 통해서 진행한다면 더욱 효과적인 정책이 될 것 같다. 시민이 자발적으로 가정 내에서 온실가스를 줄이려는 탄소은행제도 이미 몇 단체에서는 수만 세대가 시행에 돌입했다고 한다.

그린에너지 산업을 육성하는 것도 필수적이다. 플라스틱 태양전지 등 차세대 전지산업을 육성하는 것도 바람직하다. 그리고 태양전지 시험생산에 돌입하고, 모듈을 제조하여 장비를 구축하는 것도 좋다. 환경기초시설을 위해 바이오 에너지를 생산하고 매립가스를 자원화하며, 폐기물을 활용하여 에너지 생산 타운을 만들기 위한 계획도 훌륭한 과정이 아닐 수 없다.

이런 것들이 인류의 미래성장을 위한 기반이 되리라고 생각한다. 이를 위해 개방형 연구단지를 설립하고, 산업화·국제화를 동시에 추구할 수 있는 단위체를 양성하는 것도 매우 중요하다.

이제 정말 자연을 녹색으로 만들어야 하는 시대에 도래했다. 바다가 숨 쉬고, 숲이 숨 쉬도록 만들어야 한다. 신재생에너지의 메카로 풍력이나 조력 발전을 통해서 탄소를 제로로 만들 수 있는 방법을 역시 모색할 때이다. 지난 2012 여수세계박람회에서도 기후변화의 모델로 태양광발전소를 조성하는 기업체가 있었다.

이에 따른 이벤트, 학술행사, 심포지엄, 간담회, 설명회 등 다양한 프로그램이 절실하다. 녹색만이 인류의 밝은 미래를 가능하게 해줄 것이다. 이제 빠르고 화려한 것보다 느리지만 소박한 것, 이런 것들이 대접받는 시대에 들어선 것이다. 기후변화와 지역경제 같은 포럼 등이 활성화되어야 한다.

이제 정말 자연을 녹색으로 만들어야 하는 시대에 도래했다. 바다가 숨 쉬고, 숲이 숨 쉬도록 만들어야 한다. 녹색만이 인류의 밝은 미래를 가능하게 해줄 것이다.

제6장

동물도 날씨 따라 에너지를 비축한다

온실효과

지구 대기에는 다양한 원소가 가득 차 있다. 우리가 온실가스라고 할 때 여기에는 무엇이 있는가? 바로 이산화탄소가 있다. 그런데 이런 온실가스는 지구로 들어오는 짧은 파의 태양에너지는 통과하는 데 반해, 지구로부터 나가려고 하는 긴 파장의 에너지, 이름하여 지구장파복사에너지는 흡수하여 그중 일부를 지구로 되돌려준다. 그래서 지구를 덥게 만드는 온실효과를 가져오는 것이다.

〈교토의정서〉에 따르면 대기 중 온실가스는 6종이라고 한다. 이산화탄소, 메탄, 아산화질소, 과불화탄소, 수불화탄소, 육불화황, 이렇게 6종이다.

태양복사의 약 절반은 지구의 표면에 흡수된다. 이럴 때는 지구 표면이 더워지는 것이다. 태양복사 가운데 일부는 지구와 대기에 반사

되고 있다. 그리고 지구 표면에서 적외선 복사가 방출되고 있다. 적외선 복사의 일부는 대기를 통과한다. 그러나 대부분의 경우 온실가스 분자와 구름에 의해서 흡수되며 사방으로 방출된다. 이런 효과들이 지구의 표면을 덥게 하는 것이다.

온실가스 가운데 가장 중요한 것은 이산화탄소이다. 이산화탄소는 어디에서 연유하는가? 주로 석탄이나 석유 같은 화석연료의 연소 과정에서 발생한다. 목재류 등을 태울 때 나오기도 한다. 그래서 화재가 발생하면 많은 양의 이산화탄소가 발생하는 것이다.

메탄은 자연에서도 발생하고, 인위적인 것을 통해서도 발생한다. 습지나 해양 그리고 인간의 생활 속에서 발생한다. 농업이나 축산을 할 때, 천연가스 등 에너지를 연소시킬 때, 폐기물에서, 소나 양 같은 동물의 배설물에서도 발생한다. 산업 공정에서 발생하는 메탄도 무시할 수 없다. 그런데 정말 중요한 문제는, 메탄이 배출되면 대류권에서 화학적인 반응을 통해 제거할 수 있는데 이렇게 제거되기까지는 무려 4~8년이 걸린다는 사실이다.

아산화질소의 경우 주로 농업을 통해 발생한다. 물론 산업 공정을 통해서도 발생하고 있다. 폐수, 폐기물 소각을 통해서도 발생한다. 벌목이나 화재의 경우에도 일부 발생하는 것으로 알려져 있다. 기타 온실가스의 종류는 산업 공정에서 발생한다. 산업의 발전은 온실가스의 증가를 가져오는 필연적 요인임이 여기에서 입증되고 있다.

이산화탄소의 배출량을 보면, 지난 20년보다 최근 10년 동안 훨씬 많이 배출된다는 보고가 있다. 우리의 경우, 산업 발전이 세계적으로 상위권에 속하기 때문에 배출량 역시 상위권에 속한다. 우리는 세계 9위의 이산화탄소 배출 국가이며, 전 세계 이산화탄소 배출량의 약 2%를 차지하고 있는 것으로 알려져 있다. 미국은 20% 이상으로 가장 배출량이 많다. 중국 역시 20%대를 육박한다. 러시아나 인도가 5% 안팎을 기록한다. 일본 역시 4%대를 능가한다.

이탈리아, 이란, 멕시코, 호주, 프랑스, 남아공, 캐나다, 독일, 영국 등은 배출량 15위권에 속해 있다. 이들 나라는 이산화탄소 배출량을 매년 측정한다. 미국은 지난 2005년까지 배출량이 꾸준히 증가해왔지만 2006년 이후부터 서서히 감소하는 추세이다. 이는 산업화가 후퇴했다는 의미가 아니라 온실가스를 줄이기 위한 부단한 노력이 있었기 때문이다.

중국은 아직도 매년 배출량이 늘어나는 추세이다. 미국이 배출량을 줄이기 시작한 해에도 중국은 상당히 늘어났다. 빠른 산업화를 보이는 중국이 다른 나라처럼 온실가스까지 배려하는 단계에 이르지는 못했던 것이다. 인도 역시 대국이기 때문에 중국과 비슷한 상황이다. 그러나 러시아는 약간 다른 면모를 보인다. OECD 자료에 따르면, 러시아는 지난 1995년에서 2000년까지 배출량이 감소한 것으로 나타난다. 그러다가 2001년부터 2003년까지 약간 증가, 2004년에서 2005년까지 다시 약간 감소, 2006년도에는 다시 증가하는 식의 모습을 보여준다. 나름대로 온실가스를 조절하고 있다는 말인데, 발전과 환경의 사이에서 갈등하는 모습을 보여주는 사례이다.

이란과 멕시코 등이 지속적인 배출량의 증가를 보여주는 반면, 이탈리아나 프랑스는 어느 순간 배출량이 감소하고 있다. 캐나다 역시 2005년부터 꾸준히 온실가스 배출량을 줄이는 추세이다.

온실효과는 우리 지구상에 커다란 영향을 끼치기 때문에 인간의 노력으로 조절하지 않으면 안 된다. 기상이변에 의한 다양한 재해는 우리 인간의 온실가스 배출에 대한 간과에서 비롯되는 것이다. 라니냐나 엘니뇨는 모두 기상이변에서 비롯되었다.

기후변화에 가장 타격을 크게 받을 수 있는 것이 인간이 사는 세상이다. 그래서 더욱 관심을 기울이지 않으면 안 된다.

우리는 후손들에게 좋은 자연, 좋은 지구를 물려주어야 한다. 지구는 현재 인간들의 것이 아닌, 영원한 인류의 것이다. 우리 인류의 후손들이 대대로 누려야 할 재산목록이다. 이제 공동체의 삶까지 생각해야 하는 시대가 되었다.

온실가스 가운데 가장 중요한 것은 이산화탄소이다. 이산화탄소는 어디에서 연유하는가? 주로 석탄이나 석유 같은 화석연료의 연소 과정에서 발생한다. 목재류 등을 태울 때 나오기도 한다.

정전(停電)의 대재앙

여름철에 가장 큰 재앙은 무엇일까? 폭염 혹은 태풍? 이런 연상을 할 것이다. 이것도 틀린 생각은 아니다. 그러나 전기가 끊긴 것과 관련해서 생각하기는 쉽지 않다. 겨울철에 가장 큰 재앙은 무엇일까? 폭설 혹은 한파? 물론 이런 생각도 틀린 것은 아니다. 하지만 겨울철에도 정전이 일어나면 대재앙이 닥칠 수 있다. 그래서 이제 정전이 될 경우까지 대비하지 않으면 안 되게 되었다.

2012년, 우리는 끔찍한 사고를 당했다. 일정 지역에 전력 공급이 중단된 것이다. 전력이 중단됨에 따라 모든 산업 활동과 일상 활동이 마비되기에 이르렀다. 이런 재앙의 중심에 예보가 들어 있다. 정확한 예보가 필수적이라는 말이다. 만약 예보가 정확하지 못해서 사람들이 많은 전기량을 일시에 사용하여 예비 전력이 모두 바닥났을 때, 당장 엘리베이터가 멈춰서 많은 불편을 초래할 것은 분명하다.

전력 대책은 결코 안이하게 마련해선 안 된다. 예전에는 전력을 낭비하지 말자는 캠페인을 벌여 부족한 전력을 절전으로 메꿨다. 하지만 요즘에 이런 것은 먹혀들지 않는다. 현대인들은 편리한 생활을 추구하기 때문이다. 그리고 엄청나게 많은 활동을 하기 때문에 전력을 아끼는 것은 한계가 있다. 물론 전력을 낭비하지 않고 절전해야 하는 것은 맞다. 그러나 여름철이나 겨울철에 전력량을 어쩔 수 없이 많이 사용해야 하는 경우가 있는 것이다.

여름철에 폭염이 닥치면 에어컨 등의 장비를 많이 켜기 때문에 전력 공급에 차질을 빚을 수 있다. 특히 문제는 겨울철에 발생한다. 혹독한 추위, 즉 한파가 닥칠 경우 난방기기의 과다 사용은 피할 수 없는 일이기에 전기가 끊기면 가정이나 직장, 산업현장, 생활공간 등 다양한 분야에서 동시에 피해를 입게 된다. 전열기, 전기담요, 온풍기 등 거의 모든 난방장치를 가동하게 되는데, 단전되면 이런 가동이 멈추게 된다.

추위를 견딜 수 있는 방법이 사라지면 결국 추위에 피해를 입게 된다. 얼어 죽을 수가 있다는 말이다. 사람도 죽고, 가축도 죽을 수 있다. 농작물 재배, 비닐하우스, 수족관, 냉장고, 비닐하우스나 축사 등 다양한 영역에서도 엄청난 피해가 예상된다. 농촌이나 저소득층은 더욱 문제가 크다. 난방의 대부분을 전력에 의존하고 있는 형태이기 때문에 더욱 그렇다.

예비 전력이 400만 ㎾ 정도로 떨어지면 매우 위험한 상태라고 한다. 전력 수요의 25%가 난방용인 상황에서, 이런 경우는 끔찍한 재앙을 예고하는 것이다.

그런데 문제는 현재 이러한 요소를 그대로 간직하고 있다는 사실이다. 발전소는 늘어나지 않았고, 외국에서 전기를 수입해 와 사용할 수도 없는 노릇 아닌가? 전력 사용의 피크 타임은 분산되어 있지 않고, 24시간 내내 피크 타임이다. 그만큼 전력의 소비가 하루 종일 계속되고 있다는 말이다.

만일의 사태에 대비하기 위해 순환적으로 정전을 실시하는 일도 쉽지 않다. 맹추위가 계속되고 있는데 무작정 순환정전을 하는 것은 무의미하다. 만약 전기요금을 더욱 인상한다면? 그리고 많이 사용한 대상에게 과도하게 할증률을 적용한다면? 이렇게 하더라도 궁극적인 해결책은 되지 못할 것이다. 그래서 근본적인 해결책을 마련하는 것이 급선무다.

전력 사용을 대체하는 방법은 무엇일까?

우리는 세계 5위의 원유 정제능력을 지닌 나라이다. 그런 정유사들이 있기 때문에 외국으로 수출하는 경유를 내수용 보일러 등유로 활용할 수 있다. 그렇게 하면 난방용 전력 수요는 크게 줄어들 것이다. 또한 등유를 이용하면 난방의 효과가 전기를 이용할 때보다 3배 정도는 크다고 한다.

장기적인 에너지 대책을 마련해야 하고, 효율적이며 합리적인 소비를 유도할 수 있어야 한다. 저탄소 녹색에너지 정책을 마련해 실천할 수 있어야 한다. 전기요금을 합리적으로 조절하는 것도 한 방법이다. 유류세에 대해 다시 한 번 검토하고 소비자들과 합의를 이룰 필요성도 있다.

전력산업은 국가 기간산업이다. 가장 절실한 것이 전력이 아닌가? 국민의 편의와 안전을 억압하는 정책은 잘못된 정책이다. 과감히 개선해야 한다. 에너지에 대한 새로운 인식이 필요하다. 그리고 에너지를 전문적으로 다루는 고도의 전문가들을 양성할 필요가 있다. 에너지 역시 먼 미래를 보고 대책을 마련해야 한다. 훗날에는 에너지를 가지고 전쟁을 치르는 시대가 열릴지도 모른다.

정전을 통해서 대재앙이 어떻게 닥칠 수 있는지 알아보았다. 무엇보다 정확한 예보가 중요한 법이다. 예보가 정확하다면 특단의 대책을 마련해서 위기의 순간을 슬기롭게 극복할 수 있지 않겠는가?

전력산업은 국가 기간산업이다. 에너지 역시 먼 미래를 보고 대책을 마련해야 한다. 훗날에는 에너지를 가지고 전쟁을 치르는 시대가 열릴지도 모른다.

항아리의 볼록한 배

우리 선조들은 참 지혜롭게 살았던 것 같다. 생활 속에서 과학의 원리를 충분히 적용한 것을 보면 절로 선조들에 대한 자부심이 생겨난다.

항아리를 모르는 사람은 없을 것이며, 항아리를 보지 못한 사람도 없을 것이다. 우선 항아리 하면 생각나는 것이 무엇인가? 볼록 튀어나온 배가 생각난다. 배불뚝이 항아리, 선조들은 왜 항아리를 배가 볼록 튀어나오게 만들었을까? 정말 궁금하지 않은가? 볼록 튀어나온 배보다 미끈한 배가 훨씬 좋아 보이는데도 말이다. 여기에는 충분히 그럴 만한 연유가 있다.

항아리의 용도는 무엇인가? 당연히 저장하는 공간으로 활용되는 것이다. 음식을 저장하고 곡물을 저장한다. 간장이며 된장, 김치, 쌀,

보리 등 다양한 음식을 저장한다. 항아리의 배를 볼록하게 만든 것은 그것이 온도와 깊은 관련이 있기 때문이다. 즉, 항아리 속 온도가 고르게 퍼지게 하기 위해서 볼록하게 했던 것이다.

백자 달항아리. 경남도립미술관

어떤 과학자가 학생들에게 그냥 원통 모양으로 항아리를 만들어서 어떤 현상을 느껴보고자 했다면, 그 과학자와 학생들은 무엇을 느끼게 되었을까? 항아리가 원통 모양이라면 햇볕을 받는 항아리 윗부분의 온도만 높아졌을 것이다. 항아리 배를 볼록하게 만들었기 때문에 내리쬐는 태양의 열을 골고루 받을 수 있고, 또한 땅에서 올라오는 지열 역시 골고루 받을 수가 있다. 그리고 항아리 내부가 둥그렇기 때문에 온도의 순환 역시 원활하게 되는 것이다. 항아리 내부의 온도는 그래서 일정하다고 한다.

당연히 내부 온도가 일정하니 음식이 쉬이 변하지 않는다. 벌레 등도 잘 발생할 일이 없다. 곰팡이 역시 자연적으로 막아준다. 음식을 잘 발효시켜준다. 온도에 이렇게 민감하게 반응한 우리 조상들은 이런 지식과 경험으로 위대한 기술을 발전시키게 되는데, 그것이 바로 세계적으로 유명한 도자기 기술이다.

옛날, 용산에는 얼음을 저장하는 창고가 있었다. 석빙고라 하는 창고이다. 이 창고는 온도나 습도가 일정하게 잘 유지되었기 때문에 얼음을 저장하는 데 매우 유익하게 활용되었다. 우리 조상들은 생활 속에서 물건 하나를 만드는 데도 매우 과학적으로 만들어 활용했다. 지혜로운 민족이었던 것이다.

우리 조상들은 기와집을 짓거나 초가를 지을 때에도 어떻게 하면 비가 새지 않고, 눈이 녹아들지 않으며, 어떻게 하면 여름철에는 시원하고 겨울철에는 따뜻할 것인지 매우 섬세하게 접근했다. 이런 한국인의 성격이 세계 최고의 인쇄물을 만들고, 해시계와 물시계, 측우기, 기중기 등을 만들어내는 원동력이 된 것이다.

여기에서 언급한 항아리의 볼록한 배는 물론 중요한 것이지만, 우리 선조들의 지혜로운 한 단면을 보여주는 것에 불과하다. 지금 세계적으로 최고의 아이티 분야를 이룩해낸 것도 이런 선조들의 특성이 우리 민족에게 깃들어 있는 까닭이다. 그래서 앞으로 우리는 더욱 발전한 면모를 보여줄 것이라고 믿는다. 세계적으로 우리처럼 젓가락을 정교하게 잘 사용하는 민족은 없지 않은가?

필자는 일기예보에 있어서도 우리나라가 앞으로 세계 최고의 예측을 자랑하며, 정확한 예측을 얻어낼 것이라고 믿는다. 인간의 한계에 도전하여 최대의 유익한 삶을 공유하기 위해 인류는 서로 공동의 노력을 기울여야 한다. 인류가 지혜가 모자라고 지능이 부족해서가 아니라, 자연과 우주를 건강하게 유지하기 위해서 그 의지를 꺾지 않는 것이 그 어떤 것보다 중요하기 때문이다.

현재 세계는 많은 부분에서 큰 문제를 지니고 있다. 어떤 국가는 인류의 평화를 위협하고 인류의 목숨을 위협하고 있다. 모든 인간의 삶이 인류의 좀 더 나은 삶, 행복한 삶에 맞춰져야 할 것이다.

항아리의 배를 볼록하게 만든 것은 그것이 온도와 깊은 관련이 있기 때문이다. 즉, 항아리 속 온도가 고르게 퍼지게 하기 위해서 볼록하게 했던 것이다.

에너지난, 의복 디자인도 바뀌어야

　우리는 갈수록 에너지난에 시달리고 있다. 전력난은 물론 물자난까지 모든 것이 기후의 변화와 관계가 깊다. 분명 우리가 사는 시대는 기후변화가 심각하다. 예측하기 힘들 정도로 기복이 심하다는 말도 있다. 그래서 더욱 고도화된 예보시스템이 필요한 것은 당연한 일이 되었다.

　에너지난의 핵심은 무엇인가. 바로 전력난이다. 지난해(2012년) 전력의 예비율이 20%대까지 떨어진 것이 바로 5월 중순의 일이었다. 이 정도라면 한여름 찜통더위 중에 닥칠 일은 불을 보듯 뻔하지 않겠는가? 예비 전력이 바닥나면 일어날 사태를 생각해보라. 엄청나게 심각할 것이다. 전쟁이란 반드시 총을 가지고 공격해야 하는 것은 아니다. 현대전은 바로 이러한 전력전도 포함되며, 최근 북한이 전자파 교란 등을 적극 활용하는 것 역시 전쟁이라 할 수 있다.

전력이 바닥나면 어떻게 될까. 당장 우리는 엘리베이터 안에 갇혀 버릴 것이다. 깜깜한 엘리베이터 안에서 공포에 떨어야 한다. 찜통더위라면 생명 역시 안전을 장담할 수 없다. 모든 산업체 현장 특히 공장의 가동이 멈추게 된다. 우리는 일자리를 잃게 될 수도 있다. 이런 얘기를 해도 아마 피부에 와 닿지 않을지도 모르겠다.

그렇다면 이런 문제는 어떤가. 병원의 산소호흡기가 멈춘다. 당장 목숨을 잃게 되는 것이다. 끔찍하다. 생각보다 지독한 일들이 벌어지는 것이다. 이제 본격적인 에너지난에 시달리는 날이 더 많아질 것이다. 올여름 더위가 극성을 부리고, 겨울에도 한파 등이 예상되는 시점에서 전력난이 심각해질 것은 불을 보듯 뻔한 일이다.

작은 일인 것 같아도 이런 상황에 대비하여 의복의 디자인도 달라져야 한다는 말들이 있다. 필자의 생각에도 이런 변화는 당연한 것이다. 이렇게 되기 위해서는 우리의 문화가 많이 달라져야 한다. 우리는 사무실에서는 양복을 입고 넥타이를 맨다. 그런데 넥타이를 매면 인체의 온도가 적어도 2~3℃는 더 올라간다고 한다. 몸이 덥게 느껴지니까 당연히 에어컨을 오래 가동하게 되는 것이다. 모든 회사에서 이런 일이 벌어지면 전력은 바닥이 나버릴 것이다. 5월 중순의 날씨에 전력예비율이 얼마 남지 않았다는 것은 부득불 위험한 순간이 닥칠 수도 있다는 말을 방증하는 셈이다.

와이셔츠를 바지춤에 집어넣지 않고 위로 내서 입는 디자인이 필요하다. 여름에는 짧은 와이셔츠를 입고, 가능하다면 셔츠를 밖으로 꺼내서 입을 수 있도록 한다면 더위를 느끼는 정도가 훨씬 줄어들지 않을까? 그래서 이런 추세에 맞게 와이셔츠를 디자인하는 것도 필요하다는 말이다. 겨울에는 목이 긴 티셔츠를 입는 것이 효과적이다. 여름에는 체온이 올라가지 않고, 겨울에는 체온이 올라가는 방식에 착안하여 의복을 디자인을 한다면 에너지난이 심각한 시기에 에너지를 절약하는 유익한 방법이 될 것이다.

정부에서도 이제 여름철에 가게 문을 열어놓고 에어컨을 가동하면 단속을 하겠다는 방침을 마련했다. 사실 진즉에 이렇게 강력한 대책을 마련했어야 했다. 이제라도 늦지 않았다. 에너지난 극복은 범국민적 행동지침을 마련해서 범국민적으로 시행해야 효과를 볼 수 있다. 말로만 에너지 절약을 외치고, 뒤로는 개인적인 행동을 한다면 아무런 소득이 없을 것이다. 전기료가 얼마든 내가 쓰고 내가 내겠다고 생각하면 큰 잘못이다.

우리는 제한자원을 나누어서 현명하게 사용해야 한다. 돈을 많다고 하여 마음껏 에너지를 낭비한다면, 이런 사람은 혼자 산속에 들어가서 살아야 한다. 공동체 삶에서 양보와 희생은 어느 정도 필요하다. 절약은 능력의 문제가 아니라 공동의 문제이다. 공동으로 관심을 갖고 대처해야지, 혼자서 한다고 되는 것이 아니다.

에너지난에 대해 생각하면서 무엇보다 우리가 입는 의복에도 변화를 주었으면 하는 바람에서 이런 글을 쓰게 되었다. 공감하는 사람이 많기를 기대한다.

여름에는 짧은 와이셔츠를 입고, 가능하다면 셔츠를 밖으로 꺼내서 입을 수 있도록 한다면 더위를 느끼는 정도가 훨씬 줄어들 것이다.

곰에게서 배우는 에너지 절약

사람은 21세기 들어 여전히 먹을 것을 걱정하고 산다. 먹을 것은 단순히 쌀을 의미하지 않는다. 기본적인 의식주의 범주에 해당한다는 말이다. 이른바 상징적인 내용, 날씨가 더워서 선풍기를 켜지 못하면 더위에 죽는다. 이 또한 먹을 것과 같은 내용으로 바라보자는 말이다. 그렇게 보면 단순히 음식을 먹는 것보다 훨씬 그 의미는 넓고 크다. 기본적인 먹을거리가 없어 굶어 죽는 경우를 우리 주위에서 찾아보기는 쉽지 않다. 우리는 이 정도로 발전을 이룩했다. 하지만 인류 전체, 즉 지구상에는 굶어 죽는 사람들이 넘쳐난다.

지금 우리는 먹을거리를 걱정할 정도는 뛰어넘었다. 이제 어떻게 하면 문화를 즐기면서 편안한 생활을 할 수 있을까, 이것이 관건이다. 당장 문제가 되는 것은 에너지에 관한 것이다. 당장 여름철이나 겨울철에 냉방이나 난방을 위해 전기를 사용해야 한다. 문제는 과도한 전력 사용으로 전력이 바닥나는 것을 경계해야 한다는 점이다.

곰은 에너지를 절약하는 대표적인 동물이다. 겨울에는 산이나 들에서 먹잇감을 찾기가 쉽지 않을 터이다. 겨울에 산속에서 굶어 죽는 짐승들을 우리는 많이 목격하게 된다. 그런데 곰은 이 위험한 겨울에 겨울잠에 빠져 에너지를 절약하는 지혜를 익혔다. 이른바 동면(冬眠)하는 짐승들은 거의 이런 이유에서다. 몸을 최대한 움츠리고 거의 움직이지 않음으로써 에너지 낭비를 줄이는 전략이다.

곰은 같은 동물이라도 뱀이나 개구리 등과는 다르게 체온을 낮추고 호흡수도 줄이는 것으로 알려져 있다. 또 뱀이나 개구리와는 달리 의식을 지니고 있다고 한다. 오직 체력소모를 최저로 하기 위해 어떻게 하면 에너지 발산을 줄일 수 있을까, 이를 걱정한다.

곰은 깊은 구멍을 판다. 굴을 깊게 파서 거기에 은신한다. 큰 나무의 뿌리 밑에 은신하는 곰도 있다. 먹이를 찾기 어려운 겨울철에 아예 움직이지 않고 체력을 보존하기 위해서다. 우리는 이런 곰을 본받아야 한다. 에너지 절약을 위해 우리는 최대한 전력 낭비를 줄여야 한다. 에어컨이나 온풍기의 사용을 자제하고 특히 창문을 통해 새어나가는 에너지를 보호해야 한다. 문을 열어놓고 영업행위를 하는 상점이나 음식점 등은 정말 각별히 신경 써야 한다. 여름이 빨리 와서 5월 말이나 6월 초순인데도 전력예비율이 5%대에 이른다고 한다. 위험천만한 일이다.

겨울철 한파에도 비슷한 현상이 일어날 것이다. 우리는 곰처럼 온도를 철저히 관리하고 대처하는 태도를 배워야 한다. 곰은 겨울잠에 들기 전에 겨울에 마시지도, 먹지도 않고 견딜 수 있을 만큼 영양분을 몸속에 축적한다. 이렇게 축적한 영양분을 겨울철에 굴속에 숨어서 아주 조금씩 소비한다. 우리는 인간이기 때문에 몸속에 영양분을 축적하고 겨울을 나지 못한다. 대신 캠페인을 벌여 에너지를 절약하는 효과를 내자는 말이다. 곰이 겨울잠을 자기 위해 영양분을 몸에 미리 축적하는 것처럼, 우리도 여름과 겨울을 대비하여 지식과 지혜를 습득하고 이를 적극 실천하는 것이 중요하다.

유라시아 회색 곰

곰은 동굴에 들어가기 전에 몸을 완전히 말린다고 한다. 그래야 동굴속 생활에 문제가 없기 때문이다. 곰은 동굴의 입구가 넓어서 바람이 많이 들어올 것 같으면 직접 돌멩이를 물어다 그 구멍을 막는다고 한다.

덩치가 큰 코끼리 같은 동물도 지혜롭다. 목욕을 좋아하지만 하루 가운데 가장 더운 시간까지 참았다가 바로 극도로 더운 순간에 물속에 들어간다고 한다. 이들 역시 자신에게 가장 좋은 에너지 절약법을 나름대로 실천하고 있는 것이다. 그들도 일상을 통해 지혜를 터득한 것이다.

에너지 절약은 이제 선택이 아니라 필수다. 인간은 사회적인 동물이다. 결코 혼자서는 살아갈 수 없다. 인간이야말로 엄청난 무리를 지어서 생활하는 존재이기 때문에 각별한 주의가 필요하다. 나만 잘 살고 나만 편하면 된다는 논리는 이제 통하지 않는다. 상대가 굶어 죽고 있는데 자신은 배불리 먹고 있다면 아마 굶어 죽어가는 사람이 배부른 사람을 죽일지도 모른다. 그래서 인간은 더불어 살아가야 하고, 함께 편안하고 함께 행복해야 하는 존재인 것이다.

곰이 겨울잠을 자기 위해 영양분을 몸에 미리 축적하는 것처럼, 우리도 여름과 겨울을 대비하여 지식과 지혜를 습득하고 이를 적극 실천하는 것이 중요하다.

제7장

기상악화 시, 기상경보와 주의보에는 어떻게 대응할 것인가

이런 날벼락이 있나

우리는 하루가 다르게 기상이변을 접한다. 예전에는 남의 나라 얘기로 들었던 것들이 이제는 바로 우리의 얘기가 되었다. 우리가 간접적으로 경험하거나 직접적으로 체험한 무서운 기상이변들, 우리는 어떻게 하면 이런 위험에서 벗어날 수가 있을까? 상책은 지금부터 미리 철두철미하게 대비하는 것이다. 우리 같은 전문가들이 아무리 말이나 글로 그 위험성을 강조한다 하더라도, 걱정만 앞서고 실제로 구체적인 대비가 없다면 쇠귀에 경을 읽는 것과 같다.

프랑스의 예언가 노스트라다무스는 21세기 훨씬 이전에 사람들이 하늘을 빠르게 날아다닐 것이라고 예언했다고 한다. 당시 사람들은 그것을 정신이 이상한 사람의 말 정도로 받아들였다. 마치 지금 우리가 달나라에 가서 결혼식을 하겠다고 하는 것과 같은 상황이 아니었을까? 그런데 지금 우리는 그의 말처럼 정말 빠르게 하늘을 날아 지구 저편을 오가고 있다.

노스트라다무스의 이 같은 예언은 그래도 기분 좋은 예언이기나 하지, 만약 누군가가 하늘에서 악마의 무리가 인간들이 사는 지구에 내려와 선량한 사람들을 마구 죽여 없앨 것이라는 예언을 한다면 믿을 사람도 없으려니와 미친 사람으로 취급할 것이다. 하지만 적어도 자연현상과 관련한 예언이라면 이제 무작정 외면하고 거부할 상황은 아니게 되었다. 우리는 얼마 전에도 이런 되다 만 뉴스를 접하지 않았는가? 예전 같으면 상상하기 어려운 뉴스일 것이다.

느닷없이 하늘에서 우박이 떨어졌다. 요란한 천둥소리와 더불어 얼음 알갱이들이 무섭게 땅으로 떨어져 내렸다. 당시 경험한 사람들의 말을 빌리면, 밖에 나가기가 무서울 정도로 우박의 기세는 컸고, 좀체 잦아들 것 같지 않았다고 했다. 당시 이런 우박폭탄이 20분 정도 이어졌으며, 우박이 내린 지역은 초토화되었다. 시설과 농작물뿐만 아니라 인명피해도 다소 일어났던 것으로 알려졌다.

우박의 크기는 아주 놀라웠다. 아기 주먹만 한 우박에서부터 골프공만 한 우박까지, 엄청난 모습이었다. 꽃눈이 달린 농작물 재배농가는 한 해 농사를 폭삭 망쳤을 것이다. 배추농장 역시 완전히 망쳤다고 한다. 설령 사람이 죽는 일은 없었다고 해도 일 년 농사를 망친 것은 엄청난 피해다. 이렇게 해서 그 농부가 스스로 목숨을 끊는다면 피해는 2차, 3차로 늘어나지 않겠는가. 지금도 그들은 당시를 회상하면

치를 떨 것이 분명하다. 한 해 농사를 망친 농부의 마음은 어떠할까. 비극을 넘어 처참함이 목을 누를 것이다. 이런 상태에서 엉뚱한 생각을 하지 말란 법이 없지 않은가.

우리는 적어도 '이런 문제가 왜 발생했는가?'에 대해 생각해보아야 한다. 물론 기본적인 원인은 기상이변 때문이다. 그럼에도 우리의 준비가 미흡한 이유는 무엇인가? 예측하지 못했기 때문이다. 최첨단 기상 장비와 유능한 예보관들이 있지만 말이다. 기상이변이 잦을 것이라는 말은 이제 누구나 하도 많이 들어서 다 예상하고 있다. 하지만 언제, 어느 때, 어느 지역에 그런 일이 일어날 것이라는 예측은 정말 쉬운 일이 아니다. 이런 구체적인 예보는 바로 우리가 뛰어넘어야 할 과제이다.

유럽이나 미국 등지에서 심심찮게 토네이도 대형 사고에 관한 뉴스가 등장한다. 과연 이런 뉴스는 저들만의 문제인가? 우리와는 전혀 관련 없는 일일까? 결코 아니다. 우리에게 있었던 지하철 참사나 성수대교 붕괴, 삼풍백화점 붕괴 사건 등은 리얼한 현실이 아닌가? 이제 우리도 날씨나 기후에 관해서 지난날 다른 나라의 일로 받아들였던 일들을 동시에 겪고 있다.

우리는 이런 사실을 부인하면 안 된다. 앞선 대형우박 사건은 70년 만에 일어난 사건이라고 한다. 이 말은 70년 동안 우리의 기상이변이 꾸준히 진행되어 전혀 예측하지 못한 위험한 사태를 빚어냈다는 말이 된다. 당시 직접적인 인명피해는 없었지만 노지(露地)에 담배나 고추,

오이 등을 목숨처럼 소중히 여기며 키우던 농부들의 혀가 말랐을 것이다. 마치 폭격을 맞은 듯한 피해를 입었다고 당시를 회상하는 주민도 있었다. 당시 기상청의 보고는 이러했다.

〈국지적인 대기 불안정으로 돌풍을 동반한 우박이 전국 곳곳에 떨어졌습니다. 특히 내일은 다시 대기가 불안정해지면서 비가 올 것으로 예상되는 만큼 농작물 피해에 만전을 기하도록 당부합니다.〉

경남 합천, 경북 영주 지역에서 특히 강세가 컸고, 전국적으로 수천 헥타르(ha)에 그 피해가 일어났다고 한다. 당시 예보의 핵심은 그저 대기 불안정으로, 더 이상의 설명은 없었던 것 같다.

필자는 자연현상은 충분히 과학적이라고 생각한다. 그렇다면 과학적인 것은 언제나 예측이 가능하다는 결론이 나온다. 며칠, 몇 주 앞까지 내다볼 수는 없지만, 당장 몇 시간 뒤의 상황 정도는 예보가 가능해야 하지 않을까? 시간대별 예보를 통해 국지적인 대비를 해야 한다고 생각한다.

미국의 댈러스에서도 한국과 비슷한 시간대에 토네이도가 일었다고 한다. 갑자기 하늘이 어두워졌고, 강풍이 치달으며 토네이도가 댈러스를 덮쳤다고 한다. 당시 뉴스에는 하늘을 날아가는 트럭의 모습이 보였을 정도였다. 엄청난 천둥이 동반되었고, 주택가에는 우박이 떨어졌다. 골프공보다 더 큰 우박이 한동안 계속 떨어져서 차량 등이 크게 파손되었다고 한다.

우리는 이제 철저한 대비책을 마련해야 한다. 앞으로 기상이변이 더욱 빈번히 일어날 것으로 예상된다. 일본을 휩쓴 쓰나미 역시 예상치 못했던 일이다. 바로 이웃 나라에 엄청난 피해가 발생했다. 우리에게도 이런 대형 참사가 오지 말란 법은 없다. 미리미리 대비 시스템을 철저히 구축하여 소중한 인명과 재산을 지켜야 한다. 기상이변, 어떤 날벼락을 안겨다 줄지 아무도 모른다. 다만 우리는 묵묵히 대비해야 하는 것이다.

기상이변이 잦을 것이라는 말은 이제 누구나 하도 많이 들어서 다 예상하고 있다. 하지만 언제, 어느 때, 어느 지역에 그런 일이 일어날 것이라는 예측은 정말 쉬운 일이 아니다. 이런 구체적인 예보는 바로 우리가 뛰어넘어야 할 과제이다.

백두산 화산이 폭발한다고요?

　화산폭발, 귀에 딱지가 앉을 정도로 많이 들어온 말이다. 세계적으로 보도되었던 화산폭발도 여러 건이 있었다. 중요한 것은 지구의 표면은 끊임없는 화산활동을 하고 있다는 사실이다. 그래서 언젠가는 그 옛날 화산폭발을 통해 산과 들이 생겨난 것처럼 엄청난 변화가 닥칠 것이라고 예상할 수 있다.

　당장 우리의 관심은 백두산의 폭발에 관한 것이다. 그도 그럴 것이 각 분야의 전문가들이 이미 백두산 폭발을 기정사실화하고 있기 때문이다. 시간상의 문제이지, 반드시 일어날 사건이라는 것이다. 백두산은 그동안 화산활동이 멈춘 것이 아닌가? 이렇게 생각하는 과학자들이 많았다. 그러나 최근 몇 년 사이에 백두산이 보여준 징조는 두려운 것이었다. 화산분출의 징후가 뚜렷이 나타났기 때문이다. 그래서 과학자들 사이에서 백두산에 대한 관심이 높아지고 있는 실정이다. 당장 화산폭발이 일어나는 것은 아니지만, 그 가능성을 열어두고 대비해야 한다는 점이 이들의 공통된 주장이다.

또는 모른다. 폭풍처럼 그렇게 분출이 일어날 수도 있을 것이다. 과학이란 예측을 할 수 있어서 좋은 것이지만, 자연의 운명은 아무도 정확히 예측할 수 없는 노릇이다. 더욱이 세계적으로 곳곳에서 화산폭발이 일어나고 있는 실정 아닌가. 폭발로 인한 피해가 보고되고, 또 다른 폭발이 일어나고 인명 피해까지 일어났다. 지난 2010년 아이슬란드에서 일어난 화산폭발은 유럽 전역에 엄청난 재앙을 가져왔다. 유럽 전역에서 항공기 운항이 중단되었을 정도로 그 피해는 막대했다. 화산재가 도시를 덮었다. 시민들의 생활이 큰 장애를 입었다.

일본 규슈 남쪽에서도 화산이 일어났다. 후지산의 폭발을 염려하는 과학자들도 늘어났다. 신모에다케(新燃岳)에서 일어난 화산폭발로 주민들은 대혼란을 맞았다. 예측하지 못했지만 화산폭발이 불현듯 닥쳐왔던 것이다. 백두산 화산폭발이 일어나지 않는다고 누가 감히 장담할 수 있겠는가? 백두산 화산폭발은 반드시 일어날 예측 가능한 사건이다. 앞에서 말했듯 시간의 문제이지 발생가능 여부의 문제는 아닌 것이다.

백두산 화산이 폭발하면 우리가 입는 피해는 어느 정도일까? 기상청에서는 백두산 화산폭발을 전제로 그 피해 정도를 실험해보았다. 실험 결과, 한국에서 가장 큰 피해는 역시 대기 가운데 미세먼지의 양이 대폭 늘어나는 것이었다. 우리는 백두산에서 어느 정도 거리가 있기 때문에 용암이나 암석 등의 피해는 직접적이지 않을 것이라 전망했다.

그러나 북한이나 중국은 어떠한가? 화산재로 인한 피해는 말할 것도 없고, 무엇보다 용암의 분출에 의한 피해가 막대할 것으로 전망했다. 그리고 암석 등에 의한 직접적인 피해 역시 미칠 것으로 예상했다. 백두산 화산폭발 정도에 따라서 여러 나라의 공항이 제 기능을 하지 못할 가능성도 배제하기 어렵다고 한다.

기상청 국립기상연구소가 발표한 백두산 화산폭발 시나리오를 살펴보면 그 정도를 추측해볼 수 있다. 만약 화산재가 9km 이상의 상공으로 퍼진다면 항공기 운항을 하지 못하게 된다. 통상 화산폭발지수 2 이하이면, 시간당 미세먼지 농도는 경보 발령 수준이다. 황사주의보를 내릴 정도의 수준에서는 마스크를 착용하지 않으면 야외에서 숨을 쉬기 곤란하다. 중국에서 봄철에 발생하는 황사가 한국을 덮칠 때 한 치 앞을 내다보기 어려운 것처럼, 공황 상태가 도래하게 된다. 만약 폭발이 발생하면 이보다 훨씬 심각한 상태가 될 수도 있다고 한다.

한반도 주변으로 북풍이 분다면 더욱 치명적일 수 있다. 미세먼지의 증가는 다양한 질병을 유발한다. 호흡기 관련 질병이 발생하는 것은 물론, 노약자 등의 생명이 위협받게 된다. 이로 인한 질병이 악화되어 목숨을 잃을 가능성도 있다. 국립방재연구원에 의하면, 백두산이 겨울에 만약 폭발할 경우 2시간 이내에 화산재가 동해로 퍼지며,

8시간 뒤에는 울릉도와 독도까지 완전히 뒤덮어버릴 것이라고 한다. 그리고 12시간 뒤에는 일본열도까지 상륙한다는 것이다. 오사카를 거쳐서 도쿄에까지 상륙하는 데는 17시간 전후가 될 것이라고 한다.

이런 경우 엄청난 피해가 발생하게 되는 것이다. 일본과 동해의 하늘길이 막히는 것은 물론이다. 따라서 미국이나 유럽 등으로도 항공기가 운항할 수 없다. 이른바 항공 대란이 야기된다는 시나리오를 도출해냈는데, 매우 신빙성 있는 결과라고 한다. 우리나라 국립방재연구원에서 미연방 재난관리청과 공동으로 모의실험을 했던 결과이다.

백두산 화산폭발이 겨울에 일어나느냐 여름에 일어나느냐에 따라서도 다른 결과가 예측된다. 겨울에는 편서풍이 불어서 화산재가 남쪽으로 내려온다. 하지만 다른 경우에는 남한에까지 직접적인 영향을 끼치지 않을 것이라는 연구결과를 내놓았다고 한다.

가장 큰 피해지역으로 예측할 수 있는 곳은 북한의 양강도(兩江道)와 중국의 지린성(吉林省)으로, 백두산에 가장 인접한 지역이다. 백두산이 폭발할 경우, 천지에 고여 있던 20억 톤에 달하는 물이 흘러내려가 일대를 덮어버릴 것이라고 예측했다. 대홍수가 야기된다는 것인데, 따라서 백두산의 폭발은 반드시 일어난다는 전제하에 북한과 중국 당국이 미리 대책을 마련해야 한다는 것이 정설이다. 함께 현지조사를 하고, 피해를 어떻게 하면 최소화할 수 있는지 대책을 세워야 한다는 것이다. 백두산 폭발은 대형폭발이다.

세계적으로 화산폭발이 빈번하다. 일본만 하더라도 후지산의 대폭발의 가능성이 있고, 우리 한반도의 빈번한 지진 등을 고려할 때 일본과 우리 역시 함께 머리를 맞대고 그 대책을 궁리해야 할 때라고 생각한다. 화산폭발은 충분히 예고하지 않고 닥칠 수도 있다. 이제부터 미연에 방지할 수 있는 프로젝트를 개발해야 한다. 엄청난 화산폭발을 완전히 막을 수는 없지만, 최선을 다해 피해를 최소화할 수 있도록 다각적인 노력을 기울여야 한다는 말이다.

우리는 지금 기상이변의 시대에 살고 있다 해도 과언이 아니다. 그래서 더욱 겸손한 마음으로 준비를 게을리하지 말아야겠다.

세계적으로 화산폭발이 빈번하다. 일본만 하더라도 후지산의 대폭발의 가능성이 있고, 우리 한반도의 빈번한 지진 등을 고려할 때 일본과 우리 역시 함께 머리를 맞대고 그 대책을 궁리해야 한다.

태풍경보가 발령되면
어떻게 해야 하나

　우리는 미국 등지에서 엄청난 토네이도가 사람과 집, 건물들을 통째로 삼키는 장면을 뉴스를 통해 목격했다. 기상이변에 의해 이런 엄청난 토네이도가 발생했다. 순간풍속 26m/s 이상이며, 특히 바람이 불면서 비가 오고 풍랑까지 일어난다면 그 정도는 훨씬 심각한 것이다. 태풍은 항상 비를 동반하며, 풍랑을 데리고 온다. 그래서 태풍주의보가 발령되면 긴장해야 하고, 태풍경보가 발령되면 각별히 주의를 기울이지 않으면 큰 화를 입게 된다.

　태풍경보가 발령되면 먼저 저지대 및 상습적으로 침수되는 지역의 주민들은 신속히 대피해야 한다. 대형공사장의 위험한 축대나 기타 시설물 등의 주변에 접근을 삼가야 한다. 축대가 붕괴할 수도 있고, 시설물이 바람에 날려 다칠 수 있기 때문이다. 또 가로등이나 신호등,

고압전선 부근에도 접근하지 말아야 한다. 넘어진 전봇대나 땅에 흘린 전선줄에도 절대 접근해서는 안 된다. 침수된 도로 구간을 무심코 걷다가 감전사를 당한 사건이 우리나라에도 여러 번 있었다. 이들도 안전사고에 유의했더라면 절대 아까운 목숨을 잃지 않았을 것이다. 지금 여기에 언급하고 있는 내용들이 비록 사소하고 하찮게 생각된다 하더라도, 유의하면 소중한 목숨을 지킬 수 있다.

건물의 입간판이 바람에 날려 대형사고로 연결되는 경우도 있다. 다른 시설물 역시 안전할 수 없기 때문에 그 주변을 보행하거나 접근하는 일이 없어야 할 것이다. 도시에서는 아파트 등 고층건물의 유리창에 테이프를 붙이는 것을 잊지 말아야 한다. 유리창을 테이프로 고정하면 떨어지거나 파손되는 것으로부터 어느 정도 보호받을 수 있다. 옥내, 옥외의 전기설비가 고장이 났다면 당장 수리하는 것을 피한다. 또 구호불자나 수방자재 등을 잘 비축해두었다가 활용하는 것을 잊어서는 결코 안 되겠다.

위험한 시설물을 미리 파악하여 제거한다. 그리고 고속도로를 이용하는 차량은 감속으로 운행해야 하며, 피해 지구는 응급으로 복구하는 것을 원칙으로 한다. 낙뢰 시에 낮은 지역이나 건물 안 등 안전지대로 대피해야 하며, 라디오나 텔레비전에 귀를 기울여 기상예보를 청취해야 한다. 고층건물의 옥상에 있는 것도 주의해야 한다. 바람에 통째로 날아갈 수가 있다. 지하실이나 하수도 맨홀 등에 접근하는 것도 조심할 필요가 있다. 정전에 대비하는 문제, 비상시 연락 방법, 교통이용 방법 등을 미리 확인하고 대비하는 것을 잊어서는 안 된다. 그리고 되도록 사전에 예비훈련을 통해서 주지시키는 것도 현명한 태도이다.

도시에서의 대비 방법은 통상적인 대비 방법과 유사하다. 그러나 농촌·산간 지역은 나름대로 독특한 특징이 있다. 주택 주변의 산사태에 대비해 산언덕을 점검하고, 토사 등의 상태를 미리 관찰한다. 농작물을 보호하기 위한 조치들을 미리 준비해두었다가 태풍경보가 닥치면 실전에서 활용한다. 용수로와 배수로를 확보하고, 논둑을 보수하며 물꼬를 조정한다. 농촌이나 산간지역에 있는 작은 교량을 점검한다. 경보가 발생할 때는 안전한지 확인한 다음 이용한다.

산사태의 위험이 있는 지역은 경계를 강화하며, 가급적 사람의 왕래가 발생하지 않도록 유도한다. 산간 계곡에 모처럼 야영을 하는 사람들을 만날 수도 있다. 이들은 마음이 해이해져 이렇게 유영하고 있기 때문에 이들을 신중히 대비시킬 수 있어야 한다.

또한 농기계 등을 점검하고 안전조치를 취하며 가축 등을 대피시킬 준비가 되어 있어야 한다. 비닐하우스나 농작물 재배시설, 특수작물 재배시설 등을 결박해주어야 한다. 그리고 이웃끼리 연락을 끊지 말고 상황을 공유하며 어떻게 행동해야 하는지 주의를 기울일 필요가 있다.

해안지역 주민들은 어떻게 해야 하나? 먼저 해안지역에서는 차량을 운행하지 말아야 한다. 바닷가를 지나는 것도 금물이며, 소규모 교량 등의 안전을 확인해야 한다. 어로작업을 중단하는 것은 당연지사, 해상에 운항 중인 선박이 있다면 당장 인근 항구로 대피해야 한다. 피서객들은 귀가조치를 서두르고, 여의치 못하다면 인근의 대피시설로 대피해야 한다.

해안의 저지대 주민들은 경계를 강화하고, 안전지대로 몸을 옮겨야 한다. 선박 등의 엄청난 재산손실이 따를 수 있기에 선박을 완전히 결박하고 또는 인양하며, 어망이나 어구 등을 안전지대로 이동시킨다. 비상시 연락망을 확보하고 항상 연락을 유지하며, 교통수단을 면밀히 확인하여 안전한 방법으로 이동할 수 있도록 한다.

앞에서 언급했다시피 태풍은 비와 풍랑을 동반하여 닥치기 때문에 피해가 발생하면 훨씬 위력이 크다. 따라서 어떤 경우보다 각별한 당부를 요구한다. 한번 사고를 당하면 복구하기 어려운 것이 현실이다. 그래서 철저히 준비하기를 당부하는 것이다.

태풍경보가 발령되면 먼저 저지대 및 상습적으로 침수되는 지역의 주민들은 신속히 대피해야 한다. 대형공사장의 위험한 축대나 기타 시설물 등의 주변에 접근을 삼가야 한다. 가로등이나 신호등, 고압전선 부근에도 접근하지 말아야 한다.

폭염주의보가 발령되면
어떻게 해야 하나

폭염은 이제 연례행사로 자리 잡았다. 지구에 이상기후가 생기면서 발생한 현상으로, 봄과 가을이 없고, 여름과 겨울만 있다는 말은 폭염의 징후를 대변해준다. 혹독한 겨울이 끝나는가 싶으면 바로 더위가 닥친다. 추위와 더위의 간극도 가파르다. 추위가 엊그제 끝난 듯한데 바로 무더위가 닥치는 것이다. 사나운 사내 같은 날씨, 변덕쟁이 여자 같은 날씨. 이제 이상기후라는 말은 아무리 들어도 이상할 것이 없다.

날씨는 인간의 생활에 매우 중요한 요소이다. 폭염이니 한파니 하는 것들은 생활에 변화를 유도하는 아주 중요한 변수이다. 이런 이상기후 현상이 빈번히 발생하기 때문에 인간의 생활은 더욱 곤란해졌다. 그래서 전문적인 수준은 아니더라도 상식적인 정보는 습득해두어야 한다. 날씨정보 역시 누가 더 많이 알고 있느냐에 따라 더 안전하게 살 수 있으며, 사업적인 측면에서도 유리한 위치에 놓일 수 있게 된다.

폭염이 닥치면 우리의 생활은 여러 방면에서 제한을 받는다. 또한 다양한 분야에서 대비책을 세워야 한다. 폭염 역시 한파 못지않게 인간에게 미치는 피해가 심각하기 때문이다. 뜨거운 햇볕으로 인한 건강상의 문제부터 시작해 음식의 섭취, 위생, 가전기기 사용법, 정전 발생 외에도 농가나 어촌 등에서 주의를 기울여야 할 문제도 많다.

부득이 외출을 할 경우 밝은 계열의 의상을 착용하고, 얇은 옷을 헐렁하게 입을 것을 권한다. 햇볕으로 인해 몸의 온도가 올라가는 것을 막아야 하기 때문이다. 노약자는 가능하면 야외활동을 삼가야 한다. 피부가 장시간 햇볕에 노출되면 화상을 입을 수 있다. 자외선 차단제를 바르고 소지하는 것은 필수사항이다. 아프리카 등 더운 지방에서는 피부암이 많이 발생하는 것으로 보고되고 있다. 되도록 시원한 장소에서 휴식을 자주 취하면서 근무하는 것이 좋다.

어떻게 먹을 것인가? 식사는 당연히 균형 있는 식사가 좋다. 과일이나 야채, 채소류를 중심으로 육류의 섭취도 적절히 한다. 무엇보다 물을 많이 섭취하며, 한꺼번에 많이 먹는 행위를 삼가야 한다. 갈증이 생긴다고 해서 탄산음료를 마시거나, 알코올이나 카페인이 들어 있는 음료를 마시는 것은 피해야 한다. 설령 갈증이 나지 않는다 하더라도 물을 자주 마시는 것이 좋으며, 생선이나 콩 등을 특히 권장한다.

폭염이 시작되면 물을 마셔도 배탈이 날 수가 있다. 장염을 앓기 쉬운 것이다. 그래서 물은 항상 끓여서 마시는 것을 습관화한다. 날것을 먹지 않으며, 상한 음식을 가까이하지 말아야 한다. 좀 오래된 음식이다 싶으면 과감히 버린다. 주방기구의 오염이 쉽게 발생할 수 있기 때문에 주방기구를 청결히 유지한다.

폭염 시에는 실내와 실외의 온도차를 5℃ 안팎으로 유지해야 한다. 냉방병은 온도차가 심할 때 발생한다. 실내온도는 27℃ 안팎으로 유지한다. 냉방기는 항상 청결하게 유지하며, 에어컨이나 선풍기를 오래 또는 밤새 켜두는 행위를 삼가야 한다. 집 안이 항상 시원한 상태로 있는 것이 가장 좋다. 여의치 않다면 환기를 자주 시켜서 실내를 쾌적하게 만들어야 한다.

에어컨 가동 중에는 블라인드를 쳐서 직사광선을 피하고 냉방효과를 높인다. 주변에 만약 독거노인이나 노약자, 취약자, 장애인 등이 있다면 이들의 건강에도 관심을 갖고, 특히 실내온도가 오르지 않도록 만전을 기한다. 응급환자 발생에 대비해서 사전에 비상연락망을 숙지하고, 만약 119가 오고 있다면 도착하기 전에 미리 응급처치를 하는 것도 잊지 말아야 한다. 그러기 위해서는 평소에 응급처치 요령을 익혀둘 필요가 있다.

농가의 작물관리, 축산가의 축사관리, 어촌의 어장관리 등이 필수적으로 동반된다. 축사의 천장에는 단열재를 대고 손전등, 비상식음료, 부채 등을 준비한다. 휴대용 라디오를 비치하여 정전이 발생했을 때 라디오를 들을 수 있도록 한다. 사육장에 분무장치를 설치하고, 곰팡이 사료는 주지 말아야 한다.

비닐하우스의 고온 피해, 모기 퇴치, 병충해 방재에도 힘써야 한다. 채소재배 농가는 물을 주는 장비 등을 점검한다. 양식어장의 경우 사육밀도를 조절하며, 차광막을 설치하고 공기를 주입하는 것을 잊지 말아야 한다. 이 밖에도 자신이 사는 환경에서 어떻게 하면 고온에 노출되지 않으며, 생활도구나 집기를 안전하게 유지할 수 있는지 점검할 필요가 있다. 고온과 습기로 인한 어떤 작은 피해에도 대비할 수 있도록 만전을 기하는 태도가 요구된다.

찬물보다 미지근한 물로 샤워하면 숙면에 좋다. 낮에 잠을 청하는 것을 가능하면 삼가고, 잠들기 전에 심한 운동 역시 피한다. 규칙적인 운동을 가볍게 하는 것이 가장 좋다. 잠들기 전에 수분을 많이 섭취하는 것도 피해야 한다. 취침 전에 긴장을 유발하는 텔레비전 시청이나 컴퓨터 게임 등을 삼가는 것도 상식이다.

폭염 시에는 실내와 실외의 온도차를 5℃ 안팎으로 유지해야 한다. 냉방병은 온도차가 심할 때 발생한다. 실내온도는 27℃ 안팎으로 유지한다. 냉방기는 항상 청결하게 유지하며, 에어컨이나 선풍기를 오래 또는 밤새 켜두는 행위를 삼가야 한다.

호우경보가 발령되면
어떻게 해야 하나

우리는 지금 매우 해이해져 있다. 이제 무슨 사고가 나도 크게 놀라지 않는다. 대형사고가 나도 잠시 뒤에 잊어버린다. 심지어 자신에게는 절대 일어나지 않는 남의 일이라고 생각한다. 불시에 몰아닥친 폭우에 간혹 소중한 사람의 목숨이 달아나는 경우도 있지만 크게 경계하지 않는 것 같다. 그런데 사고는 결코 남의 일이 아니다. 언제 갑작스럽게 사고가 닥칠지 모르기 때문이다.

호우경보를 올해는 몇 번이나 발령할 수 있을까? 아마 예상하기 어려울 것이다. 요즈음 우리의 대기는 매우 불안전해졌다. 그래서 순식간에 돌풍이 몰아친다. 미국이나 유럽 등지에서 발생한, 뉴스를 통해서만 접했던 토네이도가 이제 우리 곁에서도 발생하고 있다. 이런 원인은 대기의 변화로부터 비롯되었을 것은 자명한 일이다. 호우경보가 발령되면 도시나 농촌, 산간, 해안 지역 모두가 걱정이다. 호우경보로부터 자유로운 지역은 그 어느 곳도 없다는 것이다.

사람들이 가장 많이 살고 있는 도시 지역의 경우, 저지대의 상습침수지역 주민들은 반드시 대피를 서둘러야 하며, 침수가 예상되는 도로에 가능하면 출입을 삼간다. 공사를 하고 있는 장소는 붕괴 위험 등이 도사리고 있을지도 모르기 때문에 접근을 금지하며, 침수가 시작된 구간은 감전 등의 위험이 있다. 옥내와 옥외 모두 전기가 고장 났다고 수리를 하는 것도 위험하다. 낙뢰 시에는 낮은 지역이나 건물의 내부로 신속히 이동하는 것이 좋다.

구호물자를 사전에 준비하고 위험한 물건이나 시설은 사전에 제거한다. 운전 중이라면 가장 먼저 속도를 늦추고, 라디오를 켜서 기상예보에 귀를 기울인다. 하수도 맨홀 등을 주의한다. 맨홀 뚜껑이 열리면 느닷없이 빨려 들어가는 사고를 당할 수도 있기 때문이다. 지하실 등도 접근을 피해야 한다. 전기가 끊기는 것에 대비하여 손전등을 준비하는 것도 잊지 말아야 하며, 비상시에 어떻게 연락해야 하는지도 미리 파악해둔다.

농촌이나 산간지역에서는 어떠한가? 저지대나 상습침수지역은 도시와 다르지 않다. 공사장, 축대 등도 마찬가지, 가로등이나 신호등 같은 고압시설 감전 위험에 노출되어 있다. 접근을 금지하며 침수도로 역시 보행을 자제한다. 특히 농작물의 경우 보호조치를 취해야 한다. 배수로를 확인하고 막힌 배수로를 뚫으며, 논둑이나 물꼬 등도 손을 본다. 산사태에 노출되어 있는 경우가 많이 생길 수가 있으므로 경계를 신중히 하며, 접근을 금한다.

산간 계곡에 야영을 왔던 사람들은 신속히 안전한 곳으로 대피한다. 무엇보다 야영 시에는 이런 사태에 대비하여 사전에 대피처를 익혀두는 것이 안전하다. 농기계는 안전한 곳으로 미리 옮겨두고, 가축 등이 피해를 입지 않도록 대피조치를 한다. 농촌이나 산간은 민가가 많이 떨어져 있는 곳도 있으므로 이웃끼리 서로 연락망을 구축하여 정보를 공유하고, 비상시 어디로 대피해야 하는지 확인하는 것이 필수적이다.

해안지역에서는 어떠한가? 해안지역 역시 저지대나 상습침수지역의 행동요령은 같다. 공사장, 축대 등도 마찬가지, 가로등이나 신호등, 고압전선 등의 접근을 금지하는 것도 동일하다. 해안지역을 운행하는 차량의 속도를 줄이고, 침수예상건물 지하 공간의 영업을 금지한다. 옥외나 옥내 전기설비 고장 등의 수리를 금지하고, 라디오 청취를 통해 행동요령을 숙지하거나 상황을 파악한다.

소규모 교량의 경우 안전을 확인한 후에 건너며, 해안 저지대 주민 경계강화 및 안전지대 대피, 비상시 연락 방법이나 교통수단 등을 확인하는 것도 중요하다.

가장 중요한 것은 사전에 이를 파악하는 일이다. 예보에 주의를 기울여서 미리 대비하는 것이다. 그러기 위해서는 예보가 정확해야 하는 것도 빼놓을 수 없이 중요한 요소이다. 틀린 예보나 엉터리 예보는 주민들에게 피해를 가져오며, 이런 예보는 뒷날 예보 자체를 신뢰하기 어렵게 만든다.

앞에서 언급한 내용들이 식상하고 사소한 것 같다는 생각이 들 수도 있지만, 위험한 순간에 대처하기 위해 반드시 평소에 숙지하는 것이 중요하다. 간혹 상황이 다급해지면 아무리 쉬운 것도 우왕좌왕하여 위험에 직면할 수 있는 법이다.

호우경보로부터 자유로운 지역은 그 어느 곳도 없다. 가장 중요한 것은 사전에 이를 파악하고, 예보에 주의를 기울여서 미리 대비하는 것이다.

대설경보가 발령되면 어떻게 해야 하나

최근 들어서 자주 듣는 말이 기상이변이다. 세계적으로 볼 때 여름이나 겨울철에 홍수나 태풍, 눈사태 등이 발생하는 것은 이제 색다른 사건이 아니다. 우리나라에서도 매년 기상이변에 의한 재앙이 닥치고 있다. 그래서 국가적인 차원에서 대책을 세운다는 말도 들었다. 당연한 일이다.

겨울철에는 물론 한파로 인한 에너지 사용의 문제도 중요하지만, 대책 없이 쏟아지는 눈이 무엇보다 서민들의 발목을 잡는다. 주의보 차원을 넘어 경보 정도라면 상황이 사뭇 달라진다. 일상생활이 거의 마비될 정도이기 때문이다. 따라서 대설경보가 발령되면 누구나 긴장하며 대비에 만전을 기해야 한다.

가장 강조할 것은 차량 운전자들이다. 가능하면 자가용을 이용하지 말고 대중교통을 이용하는 것이 정석이다. 하지만 어쩔 수 없이 자가용을 이용해야 하는 경우 안전장구를 반드시 챙겨야 한다. 체인이나 모래주머니, 삽 등을 휴대하고 속도를 늦추어야 한다. 제설작업 등에 지장을 초래하지 않도록 차를 도로가에 세워두지 않는다. 그리고 라디오나 텔레비전을 통해 교통정보나 교통상황을 파악해야 한다.

자가용 운전자들이 아닌 일반인들은 가장 먼저 내 집, 내 점포 앞의 눈을 치운다. 골목길 등도 남한테 미루지 말고 치우며, 여럿이 힘을 합쳐서 치운다. 설령 경사진 길이 아니라도 염화칼슘이나 모래를 살포한다. 그리고 오래된 집은 눈의 무게를 감당하기 어려워 무너질 가능성이 매우 높기 때문에 노후가옥에 대한 안전 점검을 사전에 마쳐야 한다. 가능하면 집 안에서 생활하는 것이 좋으나, 반드시 나가야 하는 경우 미끄럽지 않은 신발을 착용하고, 노약자나 어린이는 외출을 삼가도록 한다. 각종 공사장에서는 안전사고 가능성이 매우 높기 때문에 안전조치를 강화하고, 인부들을 돌려보내 쉬도록 하며, 라디오나 텔레비전 등을 청취한다.

위에 언급한 주의상황은 도시뿐만 아니라 농촌, 산간, 해안 지역 모두에 해당한다.

그렇다면 특히 농촌, 산간 지역에서 대설경보 시에 취해야 할 행동요령으로는 어떤 것이 있을까? 먼저 비닐하우스의 붕괴에 대비하여 사전 점검을 하고, 농작물 재배시설에 대한 지지대를 구축하고, 찢어진 부위를 손본다. 비닐 작업을 할 경우에는 낙상 사고가 날 가능성이 높기 때문에 특히 주의를 당부한다.

작물을 재배하지 않는 비닐하우스는 미리 걷어낸다. 눈이 녹을 때 녹은 물이 비닐하우스 안으로 스며들지 않도록 배수로를 정비하는 일도 잊어서는 안 된다. 농촌과 산간에서는 특히 고립될 가능성이 매우 높다. 그래서 정확한 위치를 파악하고, 고립 예상지역 비상연락망을 평상시에 잘 숙지하여 경보 시에 활용할 수 있어야 한다. 눈이 내릴 시기에는 특히 외출 시에 휴대전화 배터리를 충분히 확보하여 위급한 순간에 배터리 방전으로 인해 통화를 못하는 안타까운 상황이 일어나지 않도록 주의해야 한다.

해안지역에서는 어떻게 해야 할까? 해안지역은 대설경보만 발령되어도 취약해질 여지가 많다. 해안가에 있는 가옥들 주변의 제설작업을 철저히 해야 한다. 해안가에 차량운행을 제한하는 것도 중요하지만, 통행차량이 해안가로 미끄러지지 않도록 각별히 신경 써야 한다. 비록 파도가 치지 않는다 하더라도 연안에서 고기잡이하는 것을 삼가며, 해안가 역시 고립될 것에 대비하여 비상연락망을 숙지하고, 휴대폰 등이 방전되지 않도록 각별한 주의를 기울여야 한다.

또한 마실 수 있는 물을 다량 확보해두어야 한다. 비상식량 등을 구입하여 최소한의 생명을 유지할 수 있도록 만일의 사태에 대비한다. 해안가를 여행하는 관광객이 있다면 교통상황을 잘 숙지하여 차량운행 노선을 확인하고 무리하게 이동하지 말아야 한다.

대설주의보 발령 이전에 미리 예보를 정확히 파악해서 이런 준비를 게을리하지 말아야 한다. 이미 경보가 발령될 때는 늦은 감이 있다. 산을 오르려는 산악인이나 애호가들도 무리한 산행을 삼가야 할 것이다.

강릉 폭설

어쩔 수 없이 자가용을 이용해야 하는 경우 안전장구를 반드시 챙겨야 한다. 체인이나 모래주머니, 삽 등을 휴대하고 속도를 늦추어야 한다. 제설작업 등에 지장을 초래하지 않도록 차를 도로가에 세워두지 않는다.

제8장

우리 삶 속에서의 방사능 경고란

탈모, 어째서 이런 일이

우리는 왜 그런 생각을 한 번도 해보지 못했을까? 대머리들이 크게 늘고 있는 요즘, 젊은이들조차 대머리가 되는 것이 가장 고민인 시기에 말이다. 우리는 대개 대머리 하면 가족력을 생각한다. 저 친구는 아버지가 대머리니까……. 다시 말하자면 유전에 의해 머리가 벗겨졌다고 생각하는 것이다. 물론 대머리는 상당 부분 유전적 요인에 의한 것임은 확실하다.

그러나 최근에 대머리가 아주 많이 늘고 있는 추세에 있는 것은 우리의 환경을 반영하고 있다고 보는 편이 옳다. 나쁜 원소에 오염된 음식을 먹었거나, 산성비를 맞아 두피에 안 좋은 영향을 끼쳤을 수도 있다. 그리고 현대인들의 가장 큰 문제인 스트레스에 의해 머리카락이 기하급수적으로 빠지는 경우도 많다고 한다.

그런데 정말 중요한 하나의 문제가 있다. 바로 방사능에 의한 탈모 현상이다. 월계동의 한 지역은 반경 500m에 사는 남자들의 절반이 대머리인 것으로 밝혀졌다는 말이 돌았는데 이 역시 방사능과 관계가 있다는 뒷말이 있다. 대개 그 지역의 사람들 가운데 머리가 빠진 이들은 방사능 오염을 탓하는 경우가 비일비재하다. 도로에서 방사능 수치가 비정상적으로 높게 나타났다고 한다. 그래서 방사능 수치 2.0 이상인 동네는 주민들이 강제로 이동하기까지 했다.

한국원자력안전기술원이 도로를 점검하였는데 어느 지역 아파트 골목 한 지점에서 방사성 물질 세슘의 최대 방사선량 수치가 1.4마이크로시버트(μSv)가 나왔으며, 어떤 학교 인근의 한 지점에서는 1.8마이크로시버트가 나왔다고 한다. 아스팔트 공사를 하면서 말하자면 지역 주민들에게 피해를 안긴 셈이다. 그래서 아파트 포장공사를 할 때 어떻게 철거하고 어떻게 도면을 덮을 것인지 주민들에게 상세하게 설명할 필요성이 제기되고 있다.

아스팔트 분야는 관청의 분야가 토목인데, 이런 토목분야 공무원들이 방사선에 대해 지식이 전혀 없는 것도 문제다. 그렇다고 관청에 방사성 전문 인력을 투입할 수도 없는 노릇이 아닌가? 도로를 해체할 때에도 포장된 아이콘이 인체에 얼마나 피해를 가져다줄지 생각해서 안전하게 대책을 세워 제거해야 한다.

아파트 지역에 사는 아이들이 속이 울렁거리는 증세가 다반사로 일어나고, 의욕을 잃어 삶의 의지가 약해지고 구토 증세를 보이는 이런 행위들이 모두 오염된 아스팔트와 연관이 있을 수도 있다는 부처 직원들의 설명도 있었다고 한다. 당시 아파트 지역 주민들 사이에는 체르노빌 원자력 사태 당시 강제이주 기준 방사능 수치보다 자신들이 살고 있는 지금 여기가 더 수치가 높은 걸로 알고 있었다고 한다.

문제의 도로 주변에서 오랫동안 살고 있는 사람들의 경우 장애는 불가피하게 발생할 것임은 분명하지 않은가? 주민들 가운데 특히 갑상선암 등을 많이 앓고 있었다고 하며, 신체적 고통을 호소하는 주민들이 아주 많았다. 이런 엄청난 사태는 우리가 아무런 문제의식 없이 그저 도로를 포장하는 것만이 능사라고 여겼기 때문이다. 발생할 수 있는 환경적 문제를 전혀 고려하지 않았던 것이다.

아무리 적은 양이라 하더라도 방사능이 검출된다는 것은 문제의 여지를 충분히 갖고 있다는 반증이다. 측정된 그 자체가 문제인 것이다. 그래서 미리 예방적 대책을 마련한 상태에서 도포와 개포를 해야 한다. 서울시나 도회지 아스팔트 지역에 노출된 사람들은 각별히 신경을 써야 하며, 건강에 유의할 필요가 있다. 아스콘 업체나 관련 업체 등도 소중한 재산과 생명을 지킨다는 전제하에 예전보다 더욱 무거운 잣대를 들이밀어야 한다.

아스팔트는 도시적 삶에서 필수 아이콘이다. 그렇다고 모든 도로의 아스팔트를 걷어낼 수도 없지 않은가. 아스팔트를 살포하기 이전에 이미 섬세하게 대책을 마련하고 오염되지 않도록 점검할 필요가 있다는 말이다.

당장 방사능 피해가 밖으로 드러나지 않는다고 안심할 수는 없다. 스스로 지키고자 하는 의지를 세워야 한다. 그렇지 않으면 장차 이런 일에 노출되는 경우가 많이 일어날 것이다. 우리의 아이가, 우리의 아내가, 우리의 남편이 만약 심각한 탈모에 시달리고 있다면 방사능 오염에 감염된 것은 아닌지 의심해야 하는 시대가 되었다. 우리의 정신 역시 여기까지 깨어 있어야 한다.

우리의 아이가, 우리의 아내가, 우리의 남편이 만약 심각한 탈모에 시달리고 있다면 방사능 오염에 감염된 것은 아닌지 의심해야 하는 시대가 되었다.

음식에 들어 있는 방사능 측정

살아가는 데 가장 중요한 것은 건강이다. 건강을 지키기 위한 인간의 노력은 눈물겹다. 살아 있음이 소중하기 때문이다. 천국이 있다고 믿는 이들조차 당장 천국에 가라고 하면 당혹스러울 것이 분명하다. 과거의 인류는 건강을 지키는 수단으로 자연물을 활용했다. 자연 속에서 건강에 좋거나 질병을 치유하는 대상을 찾았던 것이다. 현대인들은 발전된 문명을 향유하면서 역으로 건강에는 해가 되는 문화를 지녔다.

인류의 건강을 위협하는 것은 질병이다. 질병은 생활 속에서 찾아온다. 우리가 접하는 환경이나 일을 통해 우리는 질병을 불러오는 것이다. 이런 질병을 물리치거나 막기 위한 인간의 노력은 끊임없다. 21세기에 인간의 건강에 치명적인 위협이 되는 것은 무엇인가? 물론 다양한 요소가 있을 것이다. 그럼에도 강조할 수밖에 없는 것 중의 하나는 바로 방사능에 관한 것이다.

우리가 생활 속에서 접촉하는 방사능은 현대화될수록 그 양이 많다고 한다. 현대인들이 유용하게 활용하고 있는 전자제품이나 편리한 생필품들 속에서 인체에 해로운 방사능이 방출된다. 음식 속에서도 방사능이 나온다. 이는 인간이 방사능을 흡수하고 있다는 반증이다.

예전에는 음식 내에 있는 방사능을 측정하기 쉽지 않았다. 그런 인식도 부족하고 그런 노력도 하지 않았다. 하지만 이제는 과거와 상황이 다르다. 그렇게 하지 않으면 안 되는 현실이 되었기 때문이다.

음식 속에 있는 방사능 함유량을 측정할 수 있는 생활용기의 발명이 필요하다. 독일 등지에서는 이미 이런 제품이 출시되고 있다. 일본에서 후쿠시마 원전 사고가 있은 후 독일에서는 '후쿠시마 플레이트'라는 방사능 측정 접시를 제작했다고 한다. 접시에 음식을 담으면 접시가 스스로 방사능 수치를 측정하는 방식이다. 어떻게 이런 일이 가능할까? 그래서 아이디어를 내고 꾸준히 도전해야 하는 것이다.

생활 속에서 접시를 활용하여 방사능 수치를 측정할 수 있으려면 어떤 장치가 필요할까? 접시 둘레에 링을 부착하여 측정할 수 있다. 여러 개의 링을 테두리에 둘러서 그 링마다 수치를 측정하는 센서를 부착하는 것이다. 접시 둘레에 세 개의 링을 부착해서 이 링을 기준으로 접시의 모든 링에 불이 들어오지 않을 경우에는 음식에 아무런 문제가 없는 것이다. 만약 하얀색 링에 불이 들어오면 방사능이 극소량 포함되어 있다는 의미이며, 빨간색 줄이 생기면 방사능 수치가 적정

수위를 넘었다는 뜻이다. 이렇게 되면 저절로 방사능을 함유한 음식을 구별할 수 있게 되고, 공급자들의 각별한 주의가 있게 될 것이다.

우리는 날마다 일정량의 방사능을 쐬고 산다고 한다. 하지만 적정치를 넘었을 경우에 문제가 되는 것은 당연하다. 그래서 나중에 많은 양이 몸에 쌓였을 경우 다양한 질병으로 연결될 수 있는 것이다. 일본 후쿠시마 원전 사고 이후에 다양한 질병이 발생하고 있는 것이 현실이다. 또 후쿠시마 원전에서 일했던 사람들이 여러 질병으로 사망하고 있다. 방사능에 피폭된 것이 얼마나 위험한 일인지 이런 사례를 통해서 간파할 수가 있다.

일본 원전 사고 이후 일본에서 생산되는 각종 채소와 해산물에 비상이 걸렸다. 하지만 일본산 음식 중에는 안전한 것이 더 많은데, 이런 음식들조차 한꺼번에 피해를 입었다고 한다. 이럴 때 우리도 방사능을 측정할 수 있는 용기를 제작하여 생활 속에서 활용한다면 건강상의 유익함은 물론 경제적으로도 매우 도움이 되지 않을까. 방사능 피해에서 완전히 제외될 수는 없지만 인간의 노력으로 그 피해를 예방하고 최소화할 수는 있을 것이다.

방사능 측정 접시의 개발을 제안한다. 웰빙을 최고로 여기며 살아가는 현대인들에게 이런 제품은 웰빙 제품으로서도 인기 만점일 것 같다. 우리가 독일 등을 본받을 필요는 없다. 우리 식으로 만들면 되는 것이다. 세계적으로 섬세한 제품을 만드는 데는 한국 사람을 따라갈 자가 없다고 하는데, 이번 기회에 여러 기업에서 추진할 수 있었으면 좋겠다.

　정부나 지자체 등에서도 이런 환경을 조성할 수 있는 여건을 마련해주면 좋겠다. 이런 일은 혼자서는 완수할 수 없는 사안이다. 정부나 기업의 도움이 필요하다. 다양한 지원을 아끼지 말아야 최대의 효과를 달성할 수 있다. 우리는 생활 속에서 항상 어떻게 하면 편리한 삶을 추구할 수 있는지 모색해야 한다.

　생활 속에서 방사능에 노출되는 것을 예방하는 작업은 매우 중요하다. 방사능을 측정하기 위한 다양한 제품의 발명은 물론, 생활 속에서 방사능 배출을 줄이려는 노력 역시 매우 중요하다. 접시의 개발뿐만 아니라 다양한 생활용품 속에서도 방사능을 측정하기 위한 우리의 작업은 계속되어야 한다. 대기 속에 존재하는 방사능을 측정할 수 있는 측정기의 개발을 위해 한순간도 뜸을 들이지 말아야 한다. 인류의 행복한 미래를 위해서 말이다.

Tip

　생활 속에서 방사능에 노출되는 것을 예방하는 작업은 매우 중요하다. 방사능을 측정하기 위한 다양한 제품의 발명은 물론, 생활 속에서 방사능 배출을 줄이려는 노력 역시 매우 중요하다.

인간을 위한 새로운 방사능 대책 서둘러야

주택가나 도로에서조차 방사선이 검출되고 있다. 이미 국내에서 이런 일로 큰 화제가 되었던 적도 있었다. 사람은 어떤 경우에든 방사선을 멀리할 수는 없을 것이다. 왜냐하면 싫건 좋건 우리는 방사선에 노출될 수밖에 없는 환경에 살고 있기 때문이다. 사람은 자연 속에서 끊임없이 방사선을 받고 산다. 대지 속에서, 우주 속에서, 음식물 속에서, 공기 속에서……

비행기를 타고 유럽에 다녀올 때도 우리는 방사선을 피할 수 없다. 높은 알프스 산맥을 등산해도 방사선을 받는다. 우리가 현재 살아가는 세상은 어떠한가. 병원에서 받는 방사선, 엑스레이를 촬영할 때 받는 방사선, 원자력발전소 주변에 사는 사람들이 받는 방사선 등 이는 피할 수가 없는 것이다. 방사선이 우리의 일상생활을 심각하게 위협하고 있다. 그래서 방사능으로부터 아이들을 지키는 모임까지 생겨나고 있는 실정이다.

인간에게 일 년에 허용된 인공방사선 피폭 허용량은 1밀리시버트(mSv)라고 한다. 그런데 우리가 자연 속에서 받는 연간 방사선량은 2.4mSv이다. 시버트(Sv)는 인체에 미치는 방사선량의 기준을 말한다. 1mSv는 1000분의 1Sv, 1마이크로시버트(μSv)는 100만분의 1Sv이다. 참고로 체르노빌 원자력발전소 누출 사고 시 2.0μSv 이상은 강제이주 조치를 당했다. 이렇게 볼 때 우리가 받는 자연방사선이나 인공방사선 역시 쉽게 간과할 일이 아니다. 체르노빌 사고 당시 200μSv 구역에 접근금지, 반경 30km에 이르렀다고 한다. 당시 50μSv 이상까지 지역에서 떠나라고 명령했다고 한다.

공중에 떠다니는 방사선과 땅속, 즉 아스팔트 속에 묻혀 있는 방사선이 인체에 미치는 차이는 다르다는 것이 전문가들의 의견이다. 그래서 아스팔트를 포장할 때 방사성 물질이 들어가지 않도록 하는 것이 관건인데, 아스콘 제작 과정에서 폐철을 녹이고 난 찌꺼기 등의 폐자재에 섞일 가능성이 높다고 한다. 우리의 경우 지금으로부터 10년 전에 이루어진 아스팔트 공사장에는 이런 폐자재가 섞였을 가능성이 있는 것으로 내다보고 있다.

어떤 기록에는 대만의 경우 방사선 수치가 높게 나와 말썽이 생겼는데, 어떻게 유입이 되었나 조사해보니 공사에 사용된 슬래그에 인공 방사성 물질인 우라늄이나 토륨 등이 들어간 것으로 밝혀졌다고 한다. 물론 인체에 별로 해로울 정도는 아니었지만 주민들의 요구로 그 도로를 완전히 걷어내고 다시 깔았다는 것이다. 우리와는 대조적인 일이 아닐 수가 없다. 우리의 경우에는 이런 일이 벌어진다 한들, 자치단체나 관계자가 인체에 해로울 정도가 아니라고 발표하면 그만이 아닌가.

전국의 모든 도로를 검사해볼 수는 없는 노릇이다. 이제라도 도로를 포장할 때 이런 면면을 세심히 살펴 공사해야 할 것이다. 여전히 우리의 도로는 방사성 물질로부터 안전지대가 아닐 것이다. 그렇다고 모든 도로를 헤집어놓을 수도 없다. 그렇다면 이제 앞으로 어떻게 해야 할까?

이미 포장되어버린 도로의 방사능 검사를 해야 하나? 또 이미 세워진 건물의 방사능 검사를 해야 하나? 이는 현실적으로 많은 문제점이 있다. 앞으로가 더 중요한 것이다. 방사성 물질이 어떻게 해서 유입이 되는가, 이에 대한 분석을 철저히 하여 대비하는 것이 상책이다. 이제 우리의 생활 속에서 어떻게 하면 방사능 대책을 실효화할 것인가를 생각해야 한다.

우리 국회는 이미 전국의 모든 공항이나 항만으로 들어오는 온갖 상품, 즉 원석이라든가 고철 등 방사성에 노출된 유해물질에 대해 방사능 검사를 의무화했다고 한다. 그래서 발효한 법이 '생활주변 방사선 안전 관리법'인데, 몇 년 이내로 전국의 크고 작은 항만까지 방사능 검사 시스템을 도입할 계획이라고 한다. 우리는 방사성 물질의 국내 유입을 막아야 하며, 국내 방사성 물질을 이용하는 기기들에 대한 철저한 대책 마련이 요구된다.

그리고 벗겨낸 아스팔트를 어떻게 처리하느냐의 문제도 심각하다. 대개는 산업폐기물로 처분하는 것이 통례이다. 그런데 방사능 관련하여 볼 때 이는 결코 산업폐기물처럼 간단하게 처리해선 안 될 일이다. 일반 산업폐기물로 처리하면 그냥 건설현장 산업폐기물 처리하듯 뚝딱하면 그만이지만, 방사성 폐기물 처분장으로 옮겨 절차에 따라야 하기 때문이다. 설령 방사능에 노출되었다 하더라도 인체에 무해할 정도이면 일반 산업폐기물로 분류하여 처리하면 그만이다.

그러나 우리는 이제 좀 더 높은 잣대를 적용해야 한다. 인간 생명의 소중함이 날로 더해지고 있는 시점에서 안이한 행동은 시류에 역류하는 것이다.

Tip

인간에게 일 년에 허용된 인공방사선 피폭 허용량은 1mSv라고 한다. 그런데 우리가 자연 속에서 받는 연간 방사선량은 2.4mSv이다.

제9장

삶과 죽음에서 도전하는
지구 모든 생물체의 변화

야생벌이 바빠졌어요

　지구 온난화는 계절을 앞당길 뿐만 아니라, 계절의 경계를 모호하게 하는 데 한몫한다. 봄이 일찍 오고, 여름도 일찍 온다. 그래서 예전과는 크게 달라진 환경을 목격하게 된다. 꽃이 피는 시기도 달라졌다. 나무를 심는 시기도 달라졌다. 꽃을 찾는 나비의 출현 시기 역시 달라질 수밖에 없다. 벌들도 꽃을 찾아오는 시기가 달라졌다. 지구 온난화는 계속 전개될 것이라고 과학자들은 전망하고 있다. 벌뿐만 아니라 나비나 개구리 등 야생화나 야생동물의 활동 시기도 달라졌다.

　미국의 한 과학 잡지에 따르면, 봄철의 벌 활동 시기가 130년 만에 열흘 빨라진 것으로 나타났다. 지난 1880년대에는 밖에서 활동하는 벌들은 5월이 다 되어서 활동을 시작했다고 한다. 하지만 2010년 보고서에 따르면 4월 중순에 벌들이 활동을 시작했다고 한다. 이는 지구 온난화로 인해 야생벌의 활동 시기가 빨라졌음을 의미하는 것이다. 꽃이 빨리 피기 때문에 벌들의 활동 역시 빨라진 셈이다.

이처럼 지구 온난화가 지속될 경우 생태계의 혼란이 가속화될 것은 분명해졌다. 동물이나 식물이 활동하는 시기가 달라진다면 먹이사슬에도 큰 변화가 생긴다. 자연계가 혼란에 빠질 수 있다는 말이다. '130년 만에 열흘이라니 큰 문제는 없지 않나?' 하는 생각을 할 수도 있다. 하지만 온난화가 급속도로 일어난 시기는 불과 40여 년 전이다. 그래서 앞으로 짧은 시기에 더욱 온난화가 가속화된다면 생태계의 급격한 변화는 불을 보듯 뻔한 것이라고 과학자들은 말한다. 비단 과학자들의 연구가 아니더라도 우리가 일상에서 보는 것만으로도 이런 가능성을 충분히 짐작할 수 있다.

꽃의 개화시기와 벌이나 나비들의 활동 시기는 대체로 일치한다. 꽃의 개화시기에 맞춰서 벌늘이 나오고 나비들이 날갯짓을 한다. 이런 연구만 있다면 무슨 의미가 있을까? 뭔가 생태계의 안정과 보존을 위해 변화를 모색해야 하는 것이 아닐까? 지구 온난화는 한 나라만의 문제가 아니며, 전 인류의 문제이다. 그리고 각 나라마다 각성해서 온실가스 등을 제한하는 노력을 기울인다면 이런 문제에서 벗어날 수 있다.

미국은 특히 지구 온난화에 관심을 많이 두고 있다. 이들은 이미 130여 년 전부터 야생벌 10종을 대상으로, 야생벌이 봄철에 어떻게 꽃가루를 수집하는가에 대해 조사했다고 한다. 미국의 한 박물관에는 19세기 말부터 자연 속에서 야생벌을 채집한 사례가 일목요연하게 전시되어 있다. 채집 일자가 기록된 것으로 보아 벌이 활동하는 시기를 조사한 것으로 파악된다.

미국의 한 박물관에서는 100여 종이 넘는 자생식물을 연구했다는 보고가 있다. 미국 동북부 지역, 말하자면 북미 지역에서 진행된 연구라고 볼 수 있다. 미국은 이미 100여 년 전에 이런 가능성을 예측했던 것일까? 우리는 지금 어떻게 하고 있는가? 이런 문제는 단순히 사실을 인식하는 것에서 벗어나 어떤 대책을 마련해야 하는지가 중요하다.

벌이나 나비는 꽃에 찾아가서 꽃가루받이를 해준다. 다행히도 지금까지는 꽃이 빨리 피든 조금 늦게 피든 벌들은 적절히 대처해온 것으로 보인다. 그러나 앞으로 꽃들의 개화 시기가 빨라지는데도 벌들이나 나비 등이 겨울잠을 자고 있다면 꽃은 결실을 맺지 못하게 된다. 생각해보라. 배나무나 감나무에 더 이상 배와 감이 열리지 않는다면 어떻게 될까. 우리 사회에 엄청난 타격을 가할 것은 뻔하지 않은가.

지구 온난화의 문제는 이렇게 많은 파장을 일으킨다. 상상해볼 수 있는 것은 이런 생태계의 엇박자로 인해 자연계의 파괴는 물론, 자연계에서 많은 생명체가 사라질 수도 있다는 점이다.

과학 학술지 〈네이처〉는 이미 여러 종류에서 개체수가 크게 감소하고 있다는 보고서를 내고 있다. 철새들의 경우 기온에 매우 민감하게 반응하는데, 새들이 이동하여 돌아갔을 때 그 지역의 기온이 전과 같지 않다면 애벌레를 잡아 새끼를 양육하는 구조에 문제가 생기는 것이다. 번식의 이상으로 개체수의 급격한 감소는 물론, 종류의 단절도 예상할 수 있다. 생명체 하나의 단종은 다른 여러 문제를 야기한다.

지금 우리의 경우에도 천연기념물로 지정한 동물이나 식물이 갈수록 늘어나고 있다. 이 말은 그만큼 동식물 개체수가 급격히 줄고 있다는 말이다. 우리나라의 대표 꽃인 진달래의 개화 시기가 일주일 이상 빨라졌다고 한다. 양봉 사업을 하는 농가의 걱정은 태산 같다. 양봉뿐만 아니라 곤충이나 동식물과 관련된 사업을 하는 농가 역시 발등에 불이 떨어진 셈이다.

이런 문제는 개인이나 개인 업체가 해결할 수 있는 문제가 아니다. 범국민적이고 범국가적인 문제이다. 당장 관련 기관에서 수행해야 할 것은 지구 온난화에 대한 직접적인 대책을 마련하는 것이며, 동식물 사업 농가에 조기개화로 인해 발생할 수 있는 문제를 생각해서 구체적인 대책을 세워 지원하는 것이다. 우리의 토종벌은 거의 전멸했다고 한다. 미리 대처하지 않은 우리의 나태함 때문이다.

지구 온난화가 지속될 경우 생태계의 혼란이 가속화될 것은 분명해졌다. 동물이나 식물이 활동하는 시기가 달라진다면 먹이사슬에도 큰 변화가 생길 것이다. 자연계가 혼란에 빠질 수 있다는 말이다.

일상생활에서 지구 살리기 십계명

날씨와 관련하여 가장 중요한 이슈가 무엇일까? 필자는 지구의 상태라고 본다. 자동차가 기하급수적으로 늘어나고 산업화가 급속화하는 이면에 환경오염이 일어났다. 이러한 환경오염은 지구촌을 위협하고 있다. 지구의 파멸을 얘기하는 것은 도를 넘은 면도 있지만 충분히 그 의미는 있다. 지구의 오염은 결국 지구의 파멸을 의미하기 때문이다. 산이 망가지고 바다가 망가지고 그래서 대기까지 망가지고 있다.

이런 상황에서 가장 심각한 문제는 바로 지구를 어떻게 살리느냐하는 것이다. 모든 인류가 마음을 한데 모아서 지구를 살리는 일이 관건이다. 이런 프로젝트는 국가적 혹은 지역적인 차원에서만 의미가 있을 것이라고 생각할 수도 있다. 하지만 필자는 인류 각 구성원이 일상생활 속에서 지구를 살리려는 자세가 무엇보다 중요하다고 생각한다.

사실 일상생활 속에서 지구를 살리기 위한 작은 행동들을 얼마든지 펼칠 수 있다. 지구를 살리는 길이 결국 내가 이 땅에서 잘 살아가는 길이다. 지금 당장 표가 나지 않더라도 우리의 작은 실천이 종내는 상처받은 지구를 되살리는 길이 되었음을 인식할 수 있는 그런 기회도 오지 않을까 생각한다. 필자는 거창한 주장을 하는 것이 아니다. 그저 소탈한 일상의 경험을 토대로 지구 살리기 운동에 다 같이 동참해주기를 바랄 뿐이다.

첫째, 직장인들이 넥타이를 풀었으면 좋겠다. 여름철에 넥타이를 푸는 행위만으로 실내온도를 낮출 수가 있다고 한다. 그리고 넥타이를 풀면 건강에도 훨씬 좋다. 겨울에는 내복을 반드시 착용하기를 또한 권한다. 요즘에는 내복을 입는 사람들을 보기 어렵다. 하지만 겨울철 내복을 착용하면 역시 온풍기나 전력 등을 상당히 절약할 수 있다.

둘째, 아파트가 엄청나게 많은 현시점에서 엘리베이터 사용에 의한 전력낭비는 엄청날 것이다. 따라서 4층 혹은 5층 이하에 사는 사람들은 엘리베이터를 이용하지 말고 비상구 계단을 이용해줄 것을 당부한다. 전력을 절약하는 것은 물론, 건강에도 좋을 것이다.

셋째, 요즘 프린트물을 아주 많이 사용하고 있다. 하지만 한 번 사용하고 버리는 이면지가 너무나도 많다. 그래서 이면지를 재활용했으면 좋겠다는 생각이다. 이면지 사용으로 종잇값을 절약하고, 아무

내용이나 함부로 프린트하지 않기 때문에 전기도 절약하고, 덩달아서 프린터기에 필요한 토너액도 절약할 수 있다. 일거삼득이다.

넷째, 특히 직장인들은 일회용 컵을 많이 사용하는데 각자 개인 컵을 사용할 것을 권한다. 가정에서도 일회용보다 오래 쓸 수 있는 다양한 생활필수품을 비치하여 마구 낭비하는 습관을 척결하기를 당부한다.

다섯째, 대중교통을 이용하자는 것이다. 집집마다 승용차를 한 대혹은 두 대 이상 가지고 있다고 한다. 이 모든 차량이 도로에 나가다보니 공기가 오염되고, 에너지도 과소비된다. 그리고 무엇보다 교통이 복잡하여 시간도 낭비된다. 가급적 승용차 사용을 줄이고 대중교통을 이용한다면 환경오염은 물론, 경비 절약에도 효과가 있지 않을까?

여섯째, 전기를 사용하지 않을 때는 플러그를 뽑아두는 습관을 길렀으면 좋겠다. 플러그를 그대로 두는 것으로도 엄청난 에너지가 낭비된다고 한다. 플러그를 지속적으로 꽂아두면 과열을 일으켜 화재가 발생할 수도 있다. 실제 우리는 이런 화재로 인한 엄청난 재산과 인명피해를 경험하기도 한다.

일곱째, 가능하다면 친환경 상품을 이용하기를 당부한다. 이제 그릇부터 의류에 이르기까지 친환경 상품이 많이 나오고 있다. 일상생활 속에서 사용하는 물건이나 제품 등을 면밀히 살펴서 어떻게 하면 친환경 상품을 잘 활용할 수 있을지 고민할 필요가 있다.

여덟째, 우리는 거의 매일 현수막이나 포스터 등을 목격한다. 우리가 살아가는 세상에는 다양한 이벤트며 행사 등이 열리고 있다. 이런 현수막이나 포스터의 사용을 자제해줄 것을 부탁한다. 이런 것들은 결국 비용이 발생하고, 처분하는 데도 비용이 발생하며, 궁극적으로는 환경오염에 악영향을 끼친다. 현수막이나 포스터 대신에 홈페이지를 활용하고 이메일 등을 활용한다면 더욱 좋겠다. 요즘에는 IT 기술의 첨단화로 다양한 정보통신 기술을 활용하여 홍보에 활용할 수 있다.

아홉째, 빨래를 한꺼번에 모아서 하면 전기를 절약할 수가 있다. 특히 세제의 사용을 줄이기 때문에 직접적으로 환경오염을 줄일 수 있다.

마지막으로 물을 아껴 쓸 것을 당부하고 싶다. 우리 역시 물이 부족한 나라에 해당한다. 이런 상황에서 물을 아껴서 사용하는 것은 당연하다.

이밖에도 한 등 끄기, 재활용하기, 건전지 버리지 말기 등 다양한 이벤트를 우리가 직접 생활 속에서 실천할 수 있다. 이제 우리의 의식이 바뀌어야 한다. 우리는 지구를 영원히 보존하고 잘 가꾸어서 우리의 후손들에게 자랑스럽게 물려줄 의무가 있다.

Tip

일상생활 속에서 지구를 살리기 위한 작은 행동들을 얼마든지 펼칠 수 있다. 지구를 살리는 길이 결국 내가 이 땅에서 잘 살아가는 길이다

황사가 발생하면 어떻게 할까

황사로 인한 피해는 매년 늘고 있다. 사막화로 인한 황사가 늘어남에 따라서 피해도 늘어나는 것은 당연하다. 가장 중요한 것은 사막화를 막는 일이며, 황사가 일어나기 전에 미리 대비하는 것이다. 또한 황사가 발생했다면 거기에 따른 준비를 해야 하고, 황사가 끝난 뒤에도 안심할 수 없다.

황사가 발생하기 전에 우리는 어떤 조치를 할 수 있을까? 황사에 대한 예보가 중요한 것은 미리 준비를 해야 하기 때문이다. 우리는 다양한 환경에서 황사와 맞닥뜨리게 된다. 가정에서 혹은 학교에서, 직장에서, 여행 중에…… 다양한 경로로 황사를 접한다.

황사가 발생하기 전에 미리 예보를 통해 황사가 올 것을 짐작했다면 가정에서는 어떻게 해야 할까? 무엇보다 황사가 실내로 들어오지 못하도록 단속을 잘 해야 한다. 창문을 닫고 틈새를 점검해야 하며, 외출할 때는 마스크와 안경을 착용하며, 반팔소매를 입지 않는다. 위생용기 등을 준비하고, 노약자나 호흡기 질환자는 되도록 실외활동을 자제하고 실내에 머물러야 한다.

학교 등의 관공서는 기상예보를 주시해야 한다. 그 지역의 사정에 맞게 단축수업이나 단축근무를 시행해야 한다. 비상연락망 체계를 점검하고 이를 가동하며, 학생들을 중심으로 황사대비 훈련을 지도해야 한다. 자율학습 등의 대책도 수립해야 한다. 충분한 홍보가 되도록 만전을 기해야 한다.

축산이나 가축시설 등의 농가와 축산가에서는 어떻게 해야 할까? 가축 대피훈련이 철저히 되어 있어야 한다. 방치되어 있는 사료 등에 비닐을 씌우고, 피복 물품을 준비한다. 황사가 오면 이를 씻어낼 세척용 장비도 점검하고, 비닐하우스 등의 시설물 출입문을 점검하고 환기구도 점검한다.

만약 황사가 발생했다면? 귀가 후에는 반드시 손과 발을 세척해야 한다. 깨끗이 씻고 양치질도 해야 하며, 노출된 채소, 과일 등 음식류를 철저히 세척한다. 수산물 역시 마찬가지로 가공이나 조리 시에 손을 충분히 씻어준다. 위생관리에 소홀하면 2차 감염을 막을 수 없기 때문이다. 특히 노약자는 외출을 삼가고, 만약 호흡기 질환자가 있다면 절대 실외활동을 해서는 안 된다.

농가에서는 방목된 가축을 신속히 축사 안으로 들여보내고, 축사나 비닐하우스의 출입문과 창문을 차단해 외부공기와의 접촉을 막는다. 역시 바깥에 방치된 사료나 볏짚 등을 비닐이나 천막 등으로 잘 덮어 주어야 한다.

학교에서는 등교를 중지하고 실외활동을 금지한다. 황사가 당분간 계속되면 휴교를 한다.

황사가 끝났다면 실내 공기를 환기시킨다. 노출된 물품은 세척한 다음에 사용해야 한다. 학교나 관공서 등에서도 방역을 실시하고 청소를 한다. 혹 감기에 걸린 학생이 있다거나 눈병에 걸린 학생들이 있다면 등교를 미루도록 한다. 그리고 집에 일찍 귀가시키는 것이 좋은 방법이다.

황사가 끝난 뒤에 축산이나 시설원 등 농가에서 해야 할 일은 무엇인가? 제일 중요한 것이 세척하는 것이다. 사료나 가축, 기구류 등을 반드시 세척해야 한다. 가축의 경우에는 몸에 붙은 황사를 철저히 털어내고 소독제를 뿌리며 세척을 해준다. 가축이 이상하게 여겨지면 반드시 신고한다. 신고 없이 무마시키려다가 모든 가축에게 전염되어 엄청난 피해를 야기할 수가 있다.

가축의 질병유무는 매우 중요한 문제이다. 가축을 주의 깊게 관찰해야 한다. 비닐하우스 등에 묻은 황사를 씻어내면서 소나 양, 돼지, 염소, 사슴, 애완견에 이르기까지 구제역을 의심해보는 것도 중요하다. 발굽이 두 개로 갈라진 동물은 특히 구제역에 걸리면 순식간에 전국적으로 전염될 수 있다. 가축이 고열에 시달리는지, 식욕이 부진한 것은 아닌지, 젖을 가진 동물의 경우 젖이 줄어들지는 않았는지, 코나 입이나 혀 등에 물집이나 궤양이 생기지는 않았는지 집중적으로 관찰해야 한다.

황사

황사가 발생했다면 귀가 후에는 반드시 손과 발을 세척해야 한다. 깨끗이 씻고 양치질도 해야 하며, 노출된 채소, 과일 등 음식류를 철저히 세척해야 한다. 특히 노약자는 외출을 삼가고, 만약 호흡기 질환자가 있다면 절대 실외활동을 해서는 안 된다.

사막화의 확대

    기후변동이 가져오는 하나의 폐해는 사막화이다. 자연적으로 기후에 의해 또는 인간의 의지를 통해 사막화는 비롯된다. 사막은 갈수록 확대되고 있다. 아프리카의 경우 사하라 사막이 가뭄이 지속되면서 계속 확대되는 추세라고 한다. 그래서 사막이 아프리카 남부로 점차 넓어지고 있다는 것이다. 이런 변화의 중심에 지구 온난화가 있다. 다양한 요인에 의해 지구의 기후는 변하지만, 결국 문제는 온난화이다.

    사막이 진행되면 생물이 살아갈 수가 없다. 따라서 인간의 삶은 피폐해질 수밖에 없다. 불모지대로 변하는 것이 사막화인데, 이런 사막화는 생물을 살지 못하게 하는 것은 물론 가축이나 인간들마저 살지 못하도록 한다. 사막화가 진행되면 그 지역을 떠날 수밖에 없다. 실제로 사막화가 진행되는 동안 그 인근 지역의 가축이 많이 죽어갔다. 인간도 경우에 따라서 죽어갈 수밖에 없다.

그런데 이런 재난은 자연재해라기보다 인간에 의한 재해라고 보는 것이 타당하다. 그래서 이를 일컬어 '환경재해'라고 한다. 환경은 결국 인간에 의해 영향을 받는다. 사막화의 위험은 세계 어디에서나 진행되고 있다. 인구가 증가하면서 먹을거리의 공급을 위해 경작지역이 늘어났고, 발전이 가속화하면서 산림 등이 파헤쳐지게 되었다. 이런 상황이 결국 지역의 기후를 변화시켰다.

몽골 사막화 지역

우리의 경우 당장 사막화의 문제는 심각하지 않다. 그러나 신도시가 건설되고, 도로가 신설되고, 산업화로 인한 단지의 조성, 골프장 등 기타 인간의 활용을 위한 다양한 시설의 조성으로 인해 많은 산림이 황폐화되었다. 이런 것들이 뒷날 사막화를 가져오게 될 것이다. 봄철만 되면 일어나는 황사는 중국의 사막화로부터 비롯된다. 그래서 환경이나 기후는 이제 누구 한 명의 문제만이 아니라 인류 공동체의 문제가 되었다.

사막화는 매우 포괄적인 개념으로 인식할 수 있어야 한다. 산림의 황폐화 역시 사막화에 해당한다. 토양의 침식 등도 사막화의 일부이다. 그래서 사막화를 방지하기 위한 대처법은 매우 다양하다. 산업화로 인한 오염물질의 남발, 화학비료의 남발, 산림녹화 저해 등이 심각하게 고려되어야 한다. 지구환경은 이제 전 인류가 지속적인 관심을 갖고 대처해야 하는 공동관심사가 되었다.

이런 우려로부터 지난 1994년 6월에 사막화방지협약이 채택되었으며, 1996년 12월에 발효되었다. 가입국은 160개국이 넘고, 우리나라도 1994년 10월에 파리에서 협약에 서명했다. 이 협약에서 사막화 방지의 원칙은, 사막화 방지 프로그램의 이행이 가장 먼저이다. 그리고 지역적·국제적 협력을 도모하는 것이 다음이며, 정부나 비정부끼리 또는 공동체 간의 협력이 그다음으로 요구된다.

또 아프리카와 최빈국의 사막화 방지를 위한 선진국의 노력을 명시하고, 자금이나 다른 형태의 원조를 언급하고 있다. 사막화를 방지하기 위한 선진국 기술을 개도국에 전수하는 것도 중요하게 지정하고 있다. 선진국이 아니더라도 당장 피해 당사국도 가능하면 재원을 조달하여 사막화를 막기 위한 모든 노력을 기울여야 할 것을 명시했다. 총회는 격년으로 열린다.

우리나라의 경우, 자발적으로 5만 달러를 기여금으로 공여하는 약속을 했다. 그리고 당사국 총회에도 꾸준히 참여하고 있다. 중국의 사막지대에서 날아오는 황사는 상당히 심각한 문제이기 때문에 우리 역시 솔선수범하는 자세로 임해야 한다는 것이 사막화를 대하는 우리의 태도이다. 우리는 처음에는 미비준으로 참여하여 5만 달러를 기여금으로 공여했지만, 문제의 심각성을 인식하고 지난 1998년에 UN사무국에 비준서를 제출했다. 그리고 당사국 자격으로 참가하고 있다.

이런 우리의 노력은 지구환경문제를 중요한 사안으로 인식하고, 인류와 더불어 해결의지를 다지는 태도를 보여주는 것이다. 중국의 고비사막이나 타클라마칸 사막 등은 우리에게 많은 피해를 가져왔다. 이런 피해를 뛰어넘는 큰 피해에 대처하는 심정으로 국제 차원의 대응책을 수립하였다. 중·장기적인 환경문제에 적극적인 태도를 보여줌으로써 우리의 의지를 확실하게 인식시키는 계기가 되었다.

특히 우리나라는 북한의 산림황폐화가 심각하다. 따라서 적극적이지 않으면 안 되는 입장에 놓여 있다. 다양한 사막방지기술을 개발하는 것도 이런 점에서다. 우리가 세계적으로 시행하고 있는 사막화 방지를 위해 제공하는 원조는 5만 달러 정도이다. 여기에 정부의 판단에 따라서 전문가를 파견하고 원조 등을 제공할 수 있다. 그러나 지금 무엇보다 민간의 차원에서 사막을 방지하려는 노력들이 활발하게 진행되고 있다.

사막화는 대기오염과 관련이 매우 깊다는 인식, 기후변화가 그 중심에 있다는 생각을 지니고 있어야 한다. 대형산불예방, 자연보호, 녹색환경 등 다양한 인식을 통해 이런 제반적인 문제를 해결하는 대처능력을 키울 수 있어야 한다.

사막화는 매우 포괄적인 개념으로 인식할 수 있어야 한다. 산림의 황폐화 역시 사막화에 해당한다. 토양의 침식 등도 사막화의 일부이다.

제10장

21세기 인류에너지 문제와
기상이변의 해결책은 무엇인가

언제나 대기하고 있는 사고

기상을 무시하면 사고는 언제나 대기시키는 것과 같다. 언제 어디서나 우리는 사고의 위험에 처할 수가 있다는 말이다. 지난 2011년 여름에 발생한 우면산 산사태는 이를 집중적으로 보여주는 사건이었다. 앞으로도 이런 엄청난 사건은 다시 발생할 것이다. 천재냐 인재냐의 논란은 아무런 의미가 없다. 이미 외양간은 허물어진 상태이기 때문이다. 소 잃고 외양간 고친들 무슨 의미가 있을 것인가.

사건이 하도 커서 당시 관계자들은 이를 인재(人災)로 규정하지 않으려고 했던 것 같다. 그래서 천재(天災) 쪽에 무게를 두었다고 한다. 당시 쏟아지는 폭우의 양은 시간당 85.5mm에 달했다. 집중호우가 쏟아졌다. 이상기후가 계속되는 근래에는 이런 집중호우의 가능성이 훨씬 높아졌다. 당일 집중호우는 15시간이나 계속되었다. 누적강우량 230mm, 기록적인 폭우였다. 붕적토 층이 더는 물을 머금지 못했다. 급격하게 무너져서 산 밑 집들을 덮쳤다.

아파트와 마을을 덮쳤으며, 많은 인명 피해가 났다. 흘러내린 돌과 흙더미, 아수라장이었다. 나무 등이 배수로를 막았다. 더 큰 피해의 원인이 되었다. 토질 등도 한몫했다. 그래서 미연에 이런 위험지역을 지정하여 대비했더라면 하는 아쉬움을 남겼다. 이런 대대적인 조사를 토대로 산사태 방재 시스템을 만들 필요성이 제기되었다. 하지만 여전히 그런 전수조사는 하지 않고 있는 듯하다.

서초 터널공사, 우면산 부근의 공사 등 이런 다양한 요인에 의해 발생한 것을 염두에 두어야 하는데 그러지 못했다. 웃지 못 할 일은 최종보고서라는 것이 그저 육안조사에 의한 것이었다는 사실이다. 비판을 받아 마땅한 처사다. 좀 더 복합적인 원인과 분석을 해야 했다. 기계적인 단순도출이 매우 아쉬운 대목이다.

강우가 발생하면 어떻게 해야 하나? 시간대별로 특정지역의 상황을 분석해야 한다. 홍수가 일어날 가능성이 있는 지역을 선정하여, 시간 단위로 홍수량을 책정해서 대비해야 하는 것이다. 특히 홍수가 나는 문제는 지하수의 흐름이 매우 중요한데, 이런 지하수의 흐름 등도 당시 전혀 조사가 되지 않았다고 한다. 지하수가 왜 중요한가? 일단 물이 들어가지만 않는다면 산사태는 거의 발생할 염려가 없기 때문이다.

당시 전문가들은 서울시의 최종보고서에 대해 수준 이하라는 평가를 했다. 무너지기 이전의 상황 역시 매우 중요한 부분이다. 그리고 비가 내릴 때의 상황은 어떠한지 파악되어야 한다. 구체적인 해명의 성격이 전혀 보이지 않는 보고서였다고 한다. 당시 산의 정상에는 공군부대가 있어서 그 부대의 영향을 제기한 주장도 있었다. 하지만 군이 건네준 자료를 통해서만 분석한다는 자체가 실체와는 거리가 멀었을 것으로 사료된다.

어떤 전문가는 당시 조사에 대해 산사태 현장조사 수준에 그쳤다고 한다. 원인 조사를 분명히 해야 하는 것이 최선책이었는데 말이다. 산사태 피해자들은 갑작스럽게 가족과 재산을 잃고 충격에 빠졌다. 그래서 피해 주민들이 국가와 서초구 등을 상대로 손해배상을 청구하려 했지만, 원래 산사태 같이 예민한 사안은 십중팔구 인재가 아닌 천재로 몰아간다는 것이다.

이런 관행 때문에 당시 피해자들이 재조사를 요구하고, 필요한 선에서 외국전문가를 불러 공정한 조사를 해줄 것을 요청했지만 무시당했다. 우면산 사태는 분명히 인재라는 선에서 공동의 인식을 해야 한다. 어떤 천재라도 사람이 철저히 준비하면 위험한 상황을 약화시킬 수 있지 않겠는가? 일본이 진도 9 이상의 지진에 강력하게 대비하는 모습과 대비되는 부분이 있어 마음 한구석이 안타깝게 여겨진다.

여름이면 반드시 장마철이 찾아온다. 아니, 반드시 장마철이 아니라도 요즘에는 일기가 매우 급변하며 종잡을 수가 없다. 그래서 항상 기상의 이변에 대비하는 태도를 지녀야 한다. 정부는 물론 관계기관,

일반인들 역시 자유롭지 않다. 천재이든 인재이든 재앙은 엄청난 불행을 몰고 온다.

필자는 무엇보다 기후변화에 대한 국민적 인식이 폭넓게 확산되기를 바란다. 자신이 어디에 있는지, 무슨 일을 하는지, 어떤 계획을 세우고 있는지에 따른 맞춤형 기상 서비스를 실현시켜야 한다. 이것이 진정 복지로 가는 첩경이 아니겠는가. 날씨, 알아야 성공한다. 날씨를 모르면 21세기를 사는 글로벌 리더가 되지 못한다.

자신이 어디에 있는지, 무슨 일을 하는지, 어떤 계획을 세우고 있는지에 따른 맞춤형 기상 서비스를 실현시켜야 한다. 이것이 진정 복지로 가는 첩경이다.

세상이 추위와 어둠으로 가득 찬다면

2012년 여름은 유난히 덥고 지루했다. 살인적인 더위가 그 지루함을 더했던 것으로 생각된다. 더위는 더위만으로 끝나지 않았다. 상상하기 힘든 장마를 데리고 왔다. 그래서 비가 내내 계절을 관통했다. 올해의 날씨는 어떻게 될까. 이번 겨울의 날씨는 어떻게 될까. 당장 이런 걱정들이 머리를 어지럽게 만든다.

갑작스런 우박의 세례 등 최근에 늘어나고 있는 이상기후의 끝은 어디일까. 물론 끝은 없을 것이다. 예전에도 빈번히 일어났던 것이 이상기후의 사례 아닌가. 여름이나 겨울이나 이상기후는 계속될 것이며, 이에 따른 이변이 예측된다. 기상청 역시 조심스럽게 이런 이변을 관망하고 있을 터이다.

이번 겨울, 혹독한 겨울이 예고되어 있다. 이러한 추위는 경제마저

얼어붙게 할 것이라고 한다. 당장 염려되는 것은 무엇인가. 극심한 추위에서 비롯되는 전력의 사용량에 관한 것이다. 한계를 초월한 사용량, 이는 추위와 비례한다. 정부의 대처를 통해서 우리는 안전을 담보할 수 있을까. 이에 대해서 긍정적인 대답을 누가 줄 수 있겠는가. 정부의 전력대책은 국민들로서 믿을 수 없게 되었다. 지난여름 전력 사용이 정부의 안이한 정책과 대책으로 과부하가 걸리고 말았던 사실을 우리는 기억하고 있다.

혹독한 추위 속에 전력에 문제가 발생하면 재앙은 불을 보듯 뻔하다. 살림을 하는 가정은 물론 산업체, 관공서, 사무실, 기타 어디에 있든지 난방이 중단되는 사태에 이를 수 있다. 우리가 사용하는 거의 모든 제품이 동작하지 않게 된다. 난방기, 전기담요, 온풍기, 거기다가 엘리베이터, 산업체 기계 등 실로 엄청난 사태가 벌어질 것이다.

추위를 막는 일체의 것들이 사라지는 현실, 재앙이 분명하다. 공장에서 일터에서 기계가 멈추어 일을 못하는 것은 둘째 문제다. 당장 추위와 어둠 속에서 떨어야 하는 국민들이 겪는 공포감을 상상해보라. 정전 상태가 오래가지 않을 경우를 가정하더라도 이런 상황은 심상치가 않다. 농촌이나 저소득층의 피해는 더욱 심각할 것이다. 비닐하우스, 축사, 임시공간에 있는 사람들에게 이런 사태는 생명의 위기는 물론, 이로 인한 경제적 손실도 만만치 않을 것이라는 점이다.

우리 전력 수요의 25%가 난방용이라고 한다. 난방의 비중이 그만큼 큰 상태에서 벌어지는 전력난은 생각해도 소름이 끼친다. 예비 전력이 400만 kW 이하가 되면 언제 위기의 순간에 도달하게 될지 모른다. 필자가 이런 내용의 칼럼을 자주 써서 발표하는 것도 그만큼 문제가 크기 때문이다. 정말 문제는 무엇인가. 그날 이후 어떤 것도 달라진 점이 없다는 사실이다. 전력 수요를 줄일 만한 역량은 특별히 없다. 반면에 발전의 양을 늘리는 대책, 이를테면 발전소 구축 같은 것도 하지 않았다.

이제 이번 겨울의 한파가 찾아온다는데 국민들이 단결해서 절전을 하기는 기대하기 어려울 것처럼 여겨진다. 보다 근본적인 대책마련이 시급한 까닭이다. 국민들이 엄청난 의식을 가지고 동참한다면 모를까, 쇠귀에 경을 읽는 것처럼 반복되는 일은 정말 위험을 되풀이할 수밖에 없는 현실을 반영하는 것과 같다.

순환정전은 어떠한가. 많은 이들이 이런 대안을 내놓고 있다. 이 역시 어려운 현실이란 것이 전문가들의 입장이다. 전기요금의 조정은 전력의 부족을 메우는 근본적인 해결책이 아니라는 사실을 우리가 간과하고 있다. 미리부터 전기요금을 합리적으로 조절했어야 옳다. 장기적으로는 에너지 공급확대 정책을 마련하면서 말이다. 저탄소녹색 에너지 정책 등을 구체적으로 마련하는 일도 시급하다.

이제 제발 포퓰리즘 정책에서 벗어날 필요가 있다. 포퓰리즘 정책은 결국 국민들이 고스란히 그 피해를 떠안게 되는 것이다. 실현 가능한 것부터 그리고 아주 작은 것부터 실시해야 한다. 이제 더는 망설일

시간이 없다.

아파트 정전

혹독한 추위 속에 전력에 문제가 발생하면 재앙은 불을 보듯 뻔하다. 살림을 하는 가정은 물론 산업체, 관공서, 사무실, 기타 어디에 있든지 난방이 중단되는 사태에 이를 수 있다.

비상식량 충분히 확보해야

　일전에 〈조선일보〉의 어느 기사에서 지구의 종말에 대한 내용을 다룬 적이 있다. 우주의 비밀은 여전히 엄청난 베일에 가려져 있지만, 지구의 종말에 대한 얘기를 들고 나오면 사람들은 크게 긴장하지 않는 듯하다. 그저 그런 얘기, 옛날 우리가 어릴 적에 할머니와 할아버지가 들려주시던 호랑이 담배 태우는 얘기쯤으로 받아들여지는 것 같기도 하다. 하지만 그런 얘기와 지구의 운명에 대한 얘기는 차원이 다르다.

　우리에게 당장 지구의 종말이 닥치지 않는다 하더라도, 우주의 탄생에 대해 과학적인 입증이 크게 대두되고 있는 시점에서 지구의 종말에 대한 얘기는 충분히 긴장할 만하다. 화산폭발이나 대지진 등을 직접 목격하면서도 경계하지 않는 것은 우리의 해이해진 마음을 반영

한다. 설령 일어난다 하더라도 나와는 무관한 걸로 여기는 정신적 해이도 극에 달해 있다. 당장 우박이 우리 머리 위를 강타하여 큰 피해를 입은 지 얼마 되지 않았음에도 말이다. 일본의 원전사고를 눈앞에서 바라보지 않았던가.

왜 비상식량을 확보해야 하는가. 이에 대한 해답은 굳이 늘어놓지 않더라도 이해하기 어렵지는 않을 것이다. 기상이변에 의한 엄청난 소용돌이에 빠질 수 있다는 말이다. 급작스럽게 우리에게 쓰나미가 닥치지 말란 법도 없다. 한순간에 모든 재산을 잃고 몸뚱이만 겨우 빠져나와 살아남을 수도 있는 법, 이런 사태에 대비하여 비상식량을 구축해야 한다는 말이다. 곡기를 끊게 되면 며칠이나 인간이 버틸 수가 있겠는가.

비상식량에 있어서 가장 중요한 문제는 무엇인가.

첫째, 진공건조식품을 개발하는 것이다. 다량의 수분을 함유한 재료를 동결시켜 감압해야 한다. 이렇게 하여 수분을 제거하여 건조된 식품이라야 오래 보존할 수 있기 때문이다. 동결할 때는 매우 급속히 해야 한다. 그래야 식품의 본래 모양이나 규모, 맛이나 효소, 각종 영양분 등이 채취할 때와 비슷해지는 것이다.

장기간 보존해야 하는 것이 관건이며, 식용자들에게 안전한 식품이어야 한다. 그래서 비상식품 역시 웰빙식품이어야 한다. 방부제와 색소를 사용하지 않고, 화학조미료 역시 사용해선 안 된다. 무엇보다 부피가 작은 반면 영양소는 풍부해야 하며, 휴대가 편리하도록 경량이어야 한다. 어디에서나 물만 있다면 영양소 공급이 가능한 그런 음식이어야 하는 것이다. 간편하고 신속하게 조리할 수 있도록 제조되어야 한다.

이미 이런 상품을 개발하는 회사가 등장하고 있다. 재난에 대비한 식품으로서 위기에 대응하여 충분한 양의 비축이 필요하다. 야외에서 비상시에 먹을 수 있는 식품, 즉 아웃도어 식품으로 최적화되어야 한다. 우리는 이미 군사작전을 위해서 다양한 종류의 식품을 개발해왔고, 야전에서는 이미 식용하고 있다. 또한 우리의 비빔밥은 이미 우주식품의 반열에 올라선 상태다.

전투식량의 용도를 생각하면 적절할 것이다. 안전하고 효율적인 식량, 그리고 충분한 영양소가 축적되어 있는 식품이 요구된다. 이런 식품으로 다양한 비빔밥을 상품화해보는 것도 괜찮을 것 같다.

개인이 이런 상품을 만들어 준비하기란 하늘의 별 따기, 그래서 정책적으로 기업이나 국가의 지원 아래 전문적인 업체를 양산하는 것이 중요한 문제가 아니겠는가.

오징어나 명태 등은 그 보관법이 우수해서 아주 오랜 시간 저장할 수가 있다. 또한 견과류 등도 잘 건조하여 보관하면 매우 오랜 시간 저장이 가능하다. 우리가 생활 속에서 주로 먹는 쌀이나 야채, 고기 등도 충분히 연구하면 오래 저장할 수 있는 방법을 찾을 수가 있다.

쌀 같은 경우는 그대로는 오랜 세월 보관이 가능하지만, 밥으로 지어서 오래오래 저장하는 방법은 아직 개발해내지 못했다. 물론 단기간의 보관은 가능할 수도 있지만, 정말 육 개월, 일 년 정도의 오랜 세월에도 변하지 않는 그런 제품을 만들어내야 한다.

이제부터 우리는 비상식량에 관심을 가져야 한다. 모든 가정이 충분히 이런 사태에 대비할 수 있도록 지방자치단체나 국가적인 차원에서 배려해야 한다. 기상이변은 언제 어떻게 우리의 삶을 망가뜨릴지 아무도 모른다. 그래서 이제 우리 스스로 알아서 준비해야 할 때가 되었다.

비상식량에 있어서 가장 중요한 문제는 무엇인가. 진공건조식품을 개발하는 것이다. 장기간 보존해야 하는 것이 관건이며, 식용자들에게 안전한 식품이어야 한다.

인류 에너지 문제는 해결될까

인류가 직면한 최대의 문제 가운데 하나가 바로 에너지의 문제이다. 인류가 지속됨에 따라 에너지는 당연히 고갈된다. 현재 인류가 확보한 에너지 시스템으로는 지구촌 사람들에게 충분한 에너지를 제공하기 어렵다. 부존자원의 한계는 물론, 에너지 소비의 극대화로 인한 에너지 부족 상태에 직면하기 때문이다. 그런데 최근에 달의 태양광 발전으로 풍부한 에너지를 제공할 수 있다는 연구가 나왔다.

달에서 획득한 태양에너지, 지구의 10배

인간은 끊임없이 에너지를 개발한다. 에너지는 인간 생활에 없어서는 안 될 필수요건이다. 가장 중요한 것 가운데 하나인 태양과 열, 전기 등은 우리 생활 속에 가장 가까이 존재하며, 활용되고 있다. 당장 태양에너지가 없다면 인류는 살아남지 못할 것이다. 전기가 없는 세상이란 상상조차 하기 어렵다. 인류에게서 따뜻한 열을 빼앗아간다면 당장 세상은 지옥으로 변할 것이다.

인류의 증가는 나날이 에너지의 증가를 요구한다. 그래서 인류는 항상 에너지를 어디서 보충할 수 있을지 고민해왔다. 땅속에 묻혀 있는 에너지 자원, 바다 밑에 묻혀 있는 에너지 자원은 언젠가는 한계를 드러낼 것이다. 현재도 다양한 에너지원이 한계에 직면하고 있다는 보고가 계속되고 있다. 특히 최근에 우리의 상황만을 보더라도 넘치는 자동차 때문에 당장 휘발유나 경유 등의 에너지 문제에 직면하고 있다.

또한 대기오염 같은 문제도 에너지와 직결된다. 에너지의 과도한 사용은 결국 대기오염을 가져오고, 이런 것들이 악순환을 거듭하면서 에너지 문제에 직면한다. 따라서 인류는 반드시 에너지 문제에 봉착하게 되어 있다. 2030년에 인류의 삶은 어떻게 변할까.

에너지와 관련하여 가장 희망적인 내용은 달의 태양광 발전소다. 달에 발전소를 짓는 데 기술적으로나 법적으로나 전혀 장벽이 없다고 한다. 달에 설치한 태양광 발전소에서 만들 수 있는 태양에너지는 지구의 10배라고 한다. 달에는 태양광이 매우 풍부해서 충분히 인류의 에너지난을 해결할 수 있다는 것이다. 적도 부근 달 표면에 태양광 발전용 패널백이 수백 개가 줄지어 서 있고, 햇볕이 패널에 내리쬐면서 패널에 모인 태양광 에너지가 마이크로파로 전환된다. 이때 태양광 에너지는 마이크로파로 전환되어 우주공간을 가로질러 지구로 전송되는 원리다.

이럴 때에 지구에서 달을 쳐다보면 어떤 모습일까? 전구가 만들어내는 빛처럼 밝게 빛나는 원반을 볼 수 있게 된다. 이런 예상을 내놓은 단체는 앨빈 토플러 등의 유명한 과학자들이 소속된 세계미래학회(World Future Society)다. 석유에너지 이후의 시대를 대비할 차세대 에너지로 친환경적이며 효율적인 달의 태양광 발전을 선정했다.

달에서 로봇이 공사

태양광 발전소에서 생산한 에너지는 무엇보다 현재 우리가 사용하고 있는 에너지원에 비해 비용이 저렴하다. 또한 달의 표면에 규소 등 태양광 패널 제작에 적합한 원소가 다수 포함되어 있다는 점에서 주목할 수 있다. 발전소 건설재료의 90%를 달에서 구할 수 있으며, 달에는 대기의 방해가 없어서 달 표면에서 매일 천문학적인 태양에너지를 받을 수 있다. 지구에 비해서 10배 정도 높은 수치의 태양에너지다. 이런 정도의 에너지 용량이면 현재 지구에 사는 인류의 130배의 사람들이 혜택을 누릴 수 있다. 장점은 달에서는 패널의 두께가 종이처럼 얇아도 되는데, 바람이나 비나 눈처럼 기상활동을 전혀 의식하지 않아도 되기 때문이다.

달에서 에너지를 모아 어떻게 지구로 보낼까? 태양에너지를 마이크로파로 바꿔서 지구로 보내면 충분히 가능성이 있을 거라고 한다.

전자레인지에서 사용하는 2극진공관으로 태양빛을 수월하게 마이크로파로 전환할 수 있을 거라고 한다.

달에서 일을 하는 공사자는 로봇이 된다. 로봇을 보내서 전자동 공장을 구축하며, 태양광 패널, 전선, 기반유리 등을 만들고 설치한다. 하지만 현재 달에는 태양광 발전이 추진되지 않고 있다. 달에는 아무것도 실시되지 않은 상태다. 인류가 지금까지 벌인 우주경쟁은 체제 경쟁 중심이었다. 이른바 자존심 싸움의 중심에서 진행되어 왔다. 멋진 우주선이나 우주망원경, 위성 등을 쏘아 올리는 데 막대한 예산이 집중되었다. 막대한 예산이 투입된 우주왕복선의 성과는 우주정거장에 단순히 왕복하는 정도에 지나지 않았다. 실효성은 거의 전무했다는 말이다. 오늘의 과학기술을 통해서 우주에 대한 이해를 넓히는 것도 중요하지만, 실질적인 도움이 되는 연구에 눈을 돌려야 한다는 목소리가 무성하다.

달에 설치한 태양광 발전소에서 만들 수 있는 태양에너지는 지구의 10배라고 한다. 달에는 태양광이 매우 풍부해서 충분히 인류의 에너지난을 해결할 수가 있다는 것이다.

제1호 특급명령

과학은 어디까지 발전할 것인가. 어리석은 질문일지 모른다. 과학이야 끊임없이 발전할 것이다. 인간의 삶에 유익한 혜택을 제공하기 위해 과학이 활용되는 것은 당연하다. 하지만 이제 과학이 상대를 이기기 위해 무기로 활용될 수 있는 시대에 우리는 살고 있다. 전쟁은 이제 절대 일어나지 않을 것이라고 장담하는 사람들도 많지만, 이는 잘못된 예상이다. 여전히 물리적인 전쟁은 일어나고 있다.

나라 간, 인종 간, 계층 간, 정파 간의 전쟁 등 다양한 전쟁의 모습을 우리는 현재 경험하고 있다. 우리가 접하는 많은 뉴스들은 싸움에 관한 것이다. 아프가니스탄이나 중동 등지에서 인종 간, 종파 간 보이지 않는 싸움도 계속적으로 일어나고 있다. 우리는 특히 항상 북한의 위협 속에서 살아가고 있다. 김정은 체제가 되면서 우리에게 위협이 더욱 가속화되고 있는 것도 현실이다.

우리는 절대 전쟁에서 벗어나지 않았다. 이제 우리가 접하게 되는 전쟁은 최고의 과학전, 화학전, 최첨단 병기전이 될 것이다. 우리는 과학을 활용해서 우리의 생활에 다양한 변화를 모색하는 것을 보아왔다. 비가 부족한 지역에 비를 강제로 내리게 하는 인공강우는 우리가 이미 경험하고 있는 분야이며, 인공으로 눈도 내리고 있다.

인간의 과학적 발전은 군사적으로도 활용될 수 있다. 기상을 활용하여 적을 공격하기 시작하면 기상이 엄청난 무기의 역할을 할 수도 있다. 기상을 변화하게 만들어서 적에 활용하는 것, 대규모의 기상변조는 충분히 적을 초토화시킬 수 있는 무기가 되지 않을까. 만약 토네이도를 인공으로 만들어서 적진에 활용할 수 있다면 어떨 것인가. 지역적으로 비를 내리게 하는 작전, 지역적으로 안개를 만들어서 시야를 없애버리는 작전 등 다양한 방법을 구상할 수 있다.

현재 이미 정보통신을 활용하여 적을 공격하는 신종 무기가 등장했다. 북한은 종종 우리를 향해 통신이나 센서를 사용하여 혼란을 초래하고 있다. 인공강우는 이미 중국에서 북경 아시안게임 당시 비가 오지 않도록 인공강우를 실시하여 당일에는 비가 오지 않도록 활용했다. 인공강우를 활용하는 나라는 여러 나라에 퍼져 있다. 이미 50여 년 전에 미국은 베트남 전쟁 당시 이런 기술을 활용했다는 보고가 있다.

기상을 변화시켜 상대를 공격하려는 전략은 국가적인 차원에서 마련되어야 한다. 군이 주도하여 이런 기술을 연구하고 실전에 도입하려는 노력을 아마 여러 선진국들에서 이미 추진하고 있을 것이다. 우리 역시 이런 분야의 노력들을 하고 있지 않을까 조심스럽게 예상해본다. 그리고 만약 그렇다면 매우 자연스러운 흐름이라고 생각한다. 강수나 강우, 강설, 태풍, 기타 기상이변을 일으켜 적에게 혼란을 초래하고, 적의 활동을 위협하고, 적의 계획을 무효화할 수 있다면 이것이 바로 최첨단 기상전략이 아닐까.

적이 은폐하는 것을 알아내서 그 지역의 구름과 안개를 제거하거나, 반대로 자신들이 은폐할 지역에 구름과 안개를 만들어서 작전에 활용할 수 있다. 아마 기상에 관한 기술이 고도로 발달한 나라에서는 이런 연구들도 활용되고 있을 거라고 생각한다. 적의 전자 장비를 교란하는 일, 레이더를 파괴하는 일, 현대는 이런 최첨단 기기전이기 때문에 이런 기기가 기능을 상실하도록 하는 기술을 개발할 수도 있다.

만약 오존층을 파괴하는 기술이 개발되어 전쟁에서 활용할 수 있다면, 이로부터 일어나는 피해는 엄청날 것이며, 이는 아마 재앙이라 할 수 있을 것이다. 이런 것들이 정말 현실 속에서 일어날 수 있음은 명약관화하다. 인공강우를 전쟁에 활용한 것은 확실한 증거이다.

번개를 일으켜서 전투기를 뜨지 못하게 하고, 적진의 안개를 레이저로 분산시켜버리고, 폭풍을 약화시키거나 강화시키는 등 더욱 강도 높은 연구들이 미국 등지에서 계속되고 있는 것으로 알고 있다. 기상을 활용하는 전술은 새로운 기술이다.

영화 〈어벤저〉에서 숀 코네리는 광적인 기상학자로 분하고 있다.

그는 영화 속에서 인공으로 비를 만들거나 토네이도를 만들어 적을 무찌른다. 이제 이런 영화 속 이야기가 우리 현실 속에서 재현될 날이 얼마 남지 않았다.

이제 정말 최첨단 무기는 기상이나 기후를 이용하는 시대가 되었다. 기상이나 기후에 대해 다시 한 번 관심을 갖고 충분히 검토하여 접근할 필요가 있다. 뒤늦게 대처하여 큰 봉변을 당하기보다, 미리 예측하고 대비하여 나중에 닥칠 위험에 대비하는 자세를 가져야 한다.

강수나 강우, 강설, 태풍, 기타 기상이변을 일으켜 적에게 혼란을 초래하고, 적의 활동을 위협하고, 적의 계획을 무효화할 수 있다면 이것이 바로 최첨단 기상전략이 아닐까.

글로벌 시대,
안전한 대한민국을 위하여

21세기 들어 대한민국은 세계적인 위상을 다진 나라가 되었다. 무엇보다 2010년에는 세계의 정상들이 서울에 들어와서 정상회의를 하였으며, 첨예하게 대립되고 있는 핵에 대한 안보정상회의 역시 2012년 서울에서 개최되었다. 세계적인 위상은 이제 충분히 입증되고도 남았다. 그래서 이제 각국의 사람들이 대한민국을 방문하며, 서울이나 부산 등의 대도시에는 외국인들로 항상 넘쳐난다. 2012년에는 여수세계박람회도 열렸다. K-Pop 열기는 이상기류를 타고 전 세계를 강타하고 있다. 한국어 열풍 역시 세계적으로 불어닥치고 있다.

대중이 한 장소에 운집하는 시대, 이런 상황에서 가장 중요한 것이 무엇일까. 무엇보다 안전이 가장 우선시되어야 한다. 자국민의 안전은 물론, 대한민국을 방문하는 외국인들의 안전 역시 더욱 중요하게 되었다. 우리는 남북으로 대치한 유일한 민족이기 때문에 테러 등의 위협에서도 자유로울 수 없다. 그래서 더욱 안전이 중시될 수밖에 없는 것이다. 이제 국가적인 차원에서 혹은 지방자치단체 차원에서 국제적인 안전에 대비한 프로그램을 만들어야 한다. 안전이 취약하면 다른 것들이 아무리 발전하였다 해도 소용없는 일이다.

그럼 어떻게 국제적으로 안전한 도시를 만들어낼 수 있을까. 이를 위해 공인된 어떤 프로젝트를 만들 수는 없을까. 최근 다양한 종류의 프로젝트를 지방자치별로 시도하고 있는 것으로 알고 있는데 매우 바람직한 현상이다. 세계보건기구에서도 국제적으로 안전한 안전도시를 인증하고 있다고 한다. 여기에 따르면, 모든 사람은 건강하고 안전한 삶을 누릴 동등한 권리를 가진다는 것이다. 지난 1989년 스웨덴 스톡홀름 선언에 기초하여 만들었다고 하는데, 지역사회의 모든 구성원이 보다 더 안전한 도시를 추구하면서 사고와 재난을 줄이기 위해 지속적이며 능동적인 노력을 아끼지 말아야 한다고 주장하고 있다.

구체적으로 어떤 노력들이 필요할까. 말로만 안전도시를 주창하면 아무런 소용이 없다. 구체적인 행동을 보여주어야 한다. 먼저 안전에 대한 인식이 필요하며, 각계의 책임 있는 분들이 견해를 같이 하고, 상호협력의 기반을 마련해야 한다. 남녀노소, 지위고하, 환경여부를 막론하고 장기적으로 펼칠 수 있는 프로그램이 있어야 한다. 위험에 노출된 사람들을 계층적으로 연령적으로 다양하게 파악하여 맞춤형 안전대책의 프로젝트를 개발해야 할 것이다.

그리고 어떤 사고가 발생했을 때 어떤 피해가 예상되며, 이런 피해에 대한 복구사례나 안전대비 사례 등을 마련하는 것이 중요하다. 어떻게 하면 손상의 정도를 약화시키며, 예방과 안전을 증진할 수 있는지에 대해서도 각별한 주의가 필요하다. 체계적으로 대비책을 세워 시행하고, 그 과정을 기록하고, 연차별로 효과를 산출하여 데이터화하는 과정 역시 필요하다.

안전사고 사망에 대한 경제적 손실은 어마어마하다고 한다. 결국은 국민의 부담이 증가하는 것이다. 그래서 안전사고에 만전을 기하는 프로젝트의 개발이 필요하다. 특히 글로벌 시대에는 국제화 지수가 높은 지역의 사고빈도가 당연히 높아질 것이기 때문에 취약점을 분석하고, 안전대책에 대한 전략을 세우고, 시민들의 인식 역시 높여야 할 것이다. 대규모 국제행사가 필요한 지역일수록 이런 인식은 중요하다.

비전 있는 도시를 보여주어야 한다. 향후 지방자치단체 시대는 계속 발전해야 한다. 특히 제주특별시 같은 경우는 더욱 그렇다. 평생 시민들이 살고 싶어 하는 풍요롭고 조화로운 도시를 만들어나가야 한다는 말이다. 다른 지역의 사람들이 누구나 방문하고 싶은 도시, 세계의 어느 지역에서도 흠모하는 도시를 만들어나가는 것이 현대를 살아가는 우리의 책무가 아닐까.

그래서 외국인들의 투자를 유치하고, 외국의 방방곡곡에서 벤치마킹을 하러 오는 그런 도시를 만들어야 한다. 이제 세계를 향해 모든 것을 개방하는 시대에 우리는 살고 있다. 국제적으로 안전한 도시를 국가적인 차원에서, 지방자치단체 차원에서 반드시 개발하기를 바란다. 그래서 시민들의 삶의 질 또한 높아지기를 기대한다.

이런 노력은 결국 그 지역의 경제적인 활성화를 선도할 것이다. 시민들의 인식 변화와 호응은 생산성을 증대시킬 것이며, 글로벌을 중심으로 하는 다양한 행사를 유치할 수도 있을 것이다. 또 해외의 기업들이 투자할 수 있는 저변을 확대할 수 있을 것이며, 결국 이런 노력은 지역 주민들에게 기대치를 크게 높이고, 세계 여행객들도 유입시켜줄 것이라고 생각한다.

인류의 인권을 존중하고, 평화를 수호하고, 안전을 도모하고, 건강을 추구하는 글로벌 시대를 만들어나가야 하며, 이를 위한 프로젝트를 개발하는 것을 제안한다.

대중이 한 장소에 운집하는 시대에서는 무엇보다 안전이 가장 우선시되어야 한다. 자국민의 안전은 물론, 대한민국을 방문하는 외국인들의 안전 역시 더욱 중요하게 되었다.

| 참고문헌 |

방기석 저, 『날씨, 아는 사람이 성공한다』, 동북아포럼, 2011

김수병 외 4명 저, 『지구를 생각한다』, 해나무, 2009

과학동아편집부 저, 『에너지와 환경』, 동아사이언스, 2011

모집 라이프 저, 『기후의 역습』, 현암사, 2005

팀 플래너리 저, 『지구 온난화 이야기』, 지식의 풍경, 2007

정익현 외 2명 저, 『지구과학여행』, 벽호, 2000

이은희 저, 『생물학 까페』, 궁리, 2002

윤경철 저, 『대단한 지구여행』, 푸른길, 2011

김준우 저, 『기후재앙에 대한 마지막 경고』, 한국기독교연구소, 2010

전태문 저, 『개구리의 일기예보』, 한국독서지도회, 2004

좌용주 저, 『리히터가 들려주는 지진 이야기』, 자음과 모음, 2010